岩土工程设计与施工

唐彦波　孙海良　范大军　著

吉林科学技术出版社

图书在版编目（CIP）数据

岩土工程设计与施工 / 唐彦波，孙海良，范大军著
. -- 长春：吉林科学技术出版社，2023.6
ISBN 978-7-5744-0693-3

Ⅰ. ①岩… Ⅱ. ①唐… ②孙… ③范… Ⅲ. ①岩土工
程－工程设计－研究②岩土工程－工程施工－研究 Ⅳ.
① TU4 ② U714

中国国家版本馆 CIP 数据核字（2023）第 136634 号

岩土工程设计与施工

著　　唐彦波　孙海良　范大军
出 版 人　宛　霞
责任编辑　孔彩虹
封面设计　树人教育
制　　版　树人教育
幅面尺寸　185mm×260mm
开　　本　16
字　　数　240 千字
印　　张　10.75
印　　数　1－1500 册
版　　次　2023年6月第1版
印　　次　2024年2月第1次印刷

出　　版　吉林科学技术出版社
发　　行　吉林科学技术出版社
地　　址　长春市福祉大路5788号
邮　　编　130118
发行部电话/传真　0431-81629529 81629530 81629531
　　　　　　　　　 81629532 81629533 81629534
储运部电话　0431-86059116
编辑部电话　0431-81629518
印　　刷　三河市嵩川印刷有限公司

书　　号　ISBN 978-7-5744-0693-3
定　　价　65.00元

前　言

　　岩土工程是多门学科交叉的边缘学科，在公路、铁路、桥梁、隧道、堤坝、机场、工业与民用建筑等领域广泛应用。在土力学、基础工程和工程地质等先修课程基础上，学生通过本课程的学习，对岩土工程的基本知识、理论和方法有全面、系统和深入的了解，使之具有解决岩土工程实际问题的能力，能从事岩土工程的勘察、设计和施工，并具有一定的研究和开发能力。

　　岩土工程是涉及范围非常广的一项工程，只有在设计施工之前进行有效的岩土勘察，才能保证工程施工更加合理、更加顺利。保证勘察的依据具有科学性、真实性，对岩土勘察资料进行合理整理和编录，才能选取正确、合理的方法和手段进行岩土勘察过程中的勘察测试。岩土勘察是我国岩土工程开展的重要基础，能够为工程提供施工所需的相关数据，并且保证施工的顺利进行，所以必须保证岩土勘察的质量。

　　因此，本书主要对岩土工程施工进行详细的叙述，希望能够有助于相关工作人员的工作进展。其主要包括绪论，岩土工程的设计、施工、检测与管理，岩土地基工程特点和设计，岩土工程材料，岩土工程施工技术，岩土工程勘察认知，岩土工程勘察前期工作以及岩土工程勘察方法等内容。

　　另外，本书引用了有关专业文献和资料，未在书中一一注明出处，在此对有关文献的作者表示感谢。由于编者水平有限，加之时间仓促，难免存在错误和不足之处，诚恳地希望读者批评指正。

目　录

第一章 绪论

一切工程建设都必须最终以不同方式安固于岩体或土体之上或之内，并与之共同工作。"空中楼阁"在现实中是不存在的。这种事实，无可辩驳地说明了工程建设与岩土工程之间极为密切的依存关系。随着各类建筑物日益向更高、更大、更重、更深方向的发展，岩土工程问题不再是仅由有限的建筑经验所能应付，也不再是仅由某一个或少数几个学科的基本知识所能解决。解决岩土工程问题应该遵循它自己所固有的一系列特殊规律，发展它自己所必需的特殊方法，研究它自己所面临的一系列课题。因此，当代的岩土工程需要有其相应的理论支撑、相应的配套技术和相应的运作规律。一句话，需要有"岩土工程学"这门学科的不断发展。

第一节 岩土工程学的本质特点

"每一门学科都有不同于其他学科的研究对象，都要探索它自身的特殊规律。但是，客观事物是错综复杂、互相联系、互为因果的，特别是一些相近和相关的学科，在研究的对象、范围、内容和方法上，往往相互交叉，既有个性，又有共性，既有区分，又有联系。当代科学的发展具有高度综合又高度分化的特点，它不仅表现于学科之间互相移植和互相借鉴，各自以其最新的成就影响着对方，同时也吸收对方的某些新成就以促进本门学科的发展；而且表现于学科内部已有研究成果新的综合和新的分化，从而出现了新的分支学科、边缘学科。因此，在研究某门学科时，要明确其与相关学科、交叉学科的关系。孤立地固守本门学科狭隘的范围，或片面地坚持某种方法，是难于深入探索内在规律，推动本门学科向前发展的。"

岩土工程学应是以岩体、土体和水体为对象，以工程地质学、岩石力学、土力学及基础工程学的基本理论和方法的综合为指导，研究岩土体的工程利用、整治和改造的一门综合性的技术科学。它有很强的实践性（因岩土体有显著的时空变异性）和综合性，往往对保证工程质量，缩短工程周期，降低工程造价，提高工程效益会起到关键性的作用。

岩土工程学的本质特点，一是它必须以"岩土"为基础，始终要面对性质变化错综复杂的岩体和土体，以及与岩土体不可分割的水体；二是它必须以"工程"为中心，始终要围绕拟建工程在其具体岩、土体条件下的合理实现，确保它的正常使用；三是它必须以"稳定"为目标，始终要把工程在各种可能最不利组合条件下的安全和稳定性作为解决问题的总目标。它有跨时空的特点，要考虑岩土在过去、现在和将来的变化，考虑工程在建设期与运营期内在所处条件上的差异，考虑岩土体在其分布上的区域性、层次性和特殊性；它也有跨学科的特点，要利用工程地质学、水文地质学、岩石力学、土力学、基础工程学，甚至其他一系列学科的基础，通过交叉融合，审时度势，具体地面对各类实际问题；它还有跨行业的特点，要区别和针对诸如建筑、铁路、公路、水利、水电、矿业、环保等各方面建设上不同建筑物和构筑物的工作特点，满足它们的特殊要求。显然，这些任务绝不是任何一门学科所能独立胜任的。

大家知道，工程地质学是研究与工程有关地质问题的科学，它的主要任务在于对规划、设计、施工和运行中有关的地质条件，从地质构造、地质作用和地质现象等方面做出分析评价；岩石力学和土力学是研究岩和土材料力学特性的特性指标、变化机理与客观规律以及岩体和土体变形、强度与渗透各方面的稳定特性、分析方法和增强措施的科学；基础工程学是研究关于不同工程建筑物基础设计与施工中涉及的各种原则、方法与事故处理等有关问题的科学。水文地质学是研究地下水的形成、埋藏、运动（动态与均衡）及水质等的变化以解决地下水开发、利用、防护等的水文地质条件及勘察评价的科学。这些学科虽然都是解决岩土工程问题的重要支撑，但没有岩土工程学根据岩土工程问题的内在规律所做的综合升华与创造性的应用，都是无法完成前述的岩土工程任务的。岩土工程学这种本质特点的个性构成了它赖以生存和发展的基本依据。

第二节　岩土工程学的基本框架

一个工程建设，必须有相应的勘察、设计、施工、检（验、监）测和管理，这些工作除了有它对不同工程的共性要求外，还要有它对不同工程的个性要求，就是说，对于地基工程、边坡工程、洞室工程、支护工程和环境工程都会有各自特性所必需的特殊要求。因此，岩土工程学学科体系的基本框架应该分为总论和分论两部分。总论以工作内容为线索，研究岩土工程勘察、岩土工程设计、岩土工程施工、岩土工程检测以及岩土工程管理诸方面带有共性的规律性和有关要求及方法；分论以工程类型为线索，研究岩土地基工程、岩土边坡工程、岩土洞室工程、岩土支护工程和岩土环境工程诸方面的勘察、设计、施工、检测和管理上带有个性的规律性和有关要求及方法。这两条线索的发展和交织构成一个严密的学科体系（图1-1）。

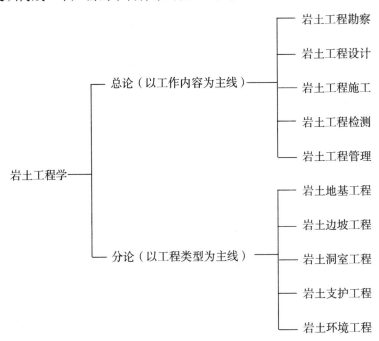

图1-1 岩土工程学基本框架

由于岩土工程学具有非常广泛的涉及面，作为它的具体内容，必须时刻把握住它的本质特点。它需要讨论"该怎么"，更要讨论"为什么"，需要"知其然"，更要"知其所以然"，达到驾驭知识的目的。因此，考虑到本书篇幅的限制和已有大量有关文献资料的存在，本书拟以总体思路和方案方法为主，不详细叙述力学计算与数学推证或具体方法与设备的细节。但这并不是对后者在解决岩土工程中有关问题时的重要作用有任何忽视，只是在岩土工程学中给前者以重要的地位。实例分析无疑应在岩土工程学中发挥重要的作用，它具有能够在一个具体条件下全面显示用岩土工程的方法思考问题和解决问题的特点。但每一个实例总都有自己的局限性，这又是问题的另一个方面。因此，本书将着重于岩土工程学的基本框架与内涵，力求简练、系统、完整，把其他如手册、实例、规范等方面的材料作为自己在应用中必要的补充与丰富。

第三节 岩土工程学的发展趋向

由于岩体和土体在其存在状态上大跨度的不均匀性、各向异性、非连续性以及这些特性在其环境条件、工程条件和荷载条件发生变化时复杂的时空变异性，使得稳定分析中的各有关参数具有随机性、模糊性和不确定性，再加上各种不同类型结构及其与岩土接触面上相互作用的复杂性，要使长期以来以局部经验、常规技术和简单计算与工程类比方法分割地来处理各类岩土工程在不同工作阶段上各种具体问题的方法，走向以理论与实际相结合，正确模拟岩土体受荷变形和失稳破坏的真实机理，采用现代测试计算与施工技术，将岩土体和结构视为一个在多因素影响下共同工作的体系，并动态地和与工作阶段联系地来有效处理各类岩土工程问题，还需要有一个较长的发展过程。但，这一个总趋向已经日益明显，日益加速地影响着岩土工程建设的发展，并向岩土工程学科提出了一系列亟待解决的理论和实际方面的问题。20世纪中、末期以来，日新月异的岩土工程建设迎来了岩土工程学科的发展，来自岩土力学、实验力学、计算力学、材料学等各方面的推动，使岩土工程学科出现了新的繁荣。现代化的岩土工程急需有一个由先进科学技术所武装的岩土工程学。

到目前为止，国内外不曾看到类似于前述岩土工程学的任何专著。在岩土工程学科的研究生培养中开设"岩土工程学"学位课也只是近几年首先在西安理工大学出现的。但由于工程建设的飞速发展，国内已经编写出版了《岩土工程手册》（林再贯主编，中国建筑出版社1994年出版），并且制订了有关勘察、设计、施工、试验和检测方面的一系列单行标准（规范）和经验总结。尤其是《岩土工程丛书》这套巨著（林宗元主编，辽宁科学技术出版社1996年出版），它包括了《岩土工程勘察设计手册》《岩土工程试验检测手册》《岩土工程治理手册》《岩土工程监理手册》和《国内外岩土工程实例和实录选编》等5部，篇幅达1万页和千万字以上，信息量大，资料丰富，实用性强，为我国岩土工程的发展做出了重要贡献，是一部值得推荐的参考书。

应该强调，由岩土工程到岩土工程学是一个由技术到科学的发展。岩土工程是一种有古老历史的人类工程经济活动，它经历了一个由简单到复杂的发展过程。岩土工程学是对这个过程中各种客观规律的总结和应用。它应该使岩土工程建设由被动设防向主动驾驭，由零散经验向系统知识，由手册丛书向一门科学发展。在这种发展中不断引进新技术，应用新材料，创造新方法，扩展新领域，总结新经验，建立新理论和解决新问题，客观地记录下人类在岩土工程领域内不断发现的规律和用它解决各种具体岩土工程问题的正确理论与方法。岩土工程在经历了一个漫长的，在小规模、少环节上以经验或简单实验为基础的古老岩土工程阶段，进入在相当规模上、多个方面内、以广泛工程实施为背景而发展起来的传统岩土工程阶段后，现在正面临着以高、大、重、深建筑物为对象，并以"人地协调""持续发展"为目标的现代岩土工程阶段！这是岩土工程理论与技术的光荣使命。

第二章 岩土工程的设计、施工、检测与管理

本章为岩土工程学的总论，它将以岩土工程的工作内夸为主线，讨论岩土工程勘察、岩土工程设计、岩土工程施工、岩土工程检测以及岩土工程管理诸方面带有共性的规律性和有关的要求与方法。在这里，将岩土工程的勘察、设计、施工、检测和管理分题讨论，只是为了突出问题的主要方面，但就其实质来讲，这几个环节都是互相紧密联系的，它们构成了一个"你中有我，我中有你"的综合影响体系。这应该是一个非常重要的基本观点。

第一节 岩土工程设计

一、概述

岩土工程设计就是在考虑建设对象对自然条件的依赖性、岩土性质的变异性以及经验与试验的特殊重要性的基础上，从适用、安全、耐久和经济的原则出发，全面考虑结构功能、场地特点、建筑类型及施工条件（环境、技术、材料、设备、工期、资金）等因素，依据所占有的充分资料和科学分析，经过多种方案的比较与择优，采用先进、合理的理论方法，遵守现行建筑法规和规范的要求，对建筑涉及的各种岩土工程问题做出满足使用目标的定性、定量分析，在具体与可能的土、水、岩体综合条件和可能的最不利荷载组合下，提出岩土工程系统（地基、基础与上部结构）能够满足设计基准期内建筑物使用目标和环境要求，以及土体足够，但不过分的强度变形稳定性与渗透稳定性的地基、基础、结构及其在施工、监测诸方面措施的最优组合方案，以及实施这种方案在质、量、步骤和方法上的各种具体要求。岩土工程设计一般包括方案设计与具体设计（地基设计、基础设计、施工设计、环境设计、观测设计以及结构的原则设计）。这两种设计相互联系，相互依赖，但方案设计往往起主导作用。上述关于岩土工程设计的综合表

述，包括了岩土工程设计的依据、原则条件、方法、目的、内容和要求。

二、岩土工程设计的特点

岩土工程设计的特点在于它必须面对自然条件的依赖性，岩土工程性质的变异性（不确定性），以及建筑经验、试验测试与建筑法规和规范的特殊重要性。因此，岩土工程设计不会存在一个固定的模式，它必须坚持"具体问题，具体分析，具体解决"的原则，一切从实际出发，将当地的各种条件、数据、经验与建设对象的特点和要求紧密结合起来，以寻求解决问题的途径和方法。

三、岩土工程设计的原则

岩土工程设计的原则是必须保证工程的适用性、安全性、耐久性和经济性，并根据这个原则进行多种方案的比较分析与择优选取。所谓适用性就是要满足工程预定的使用目标；所谓安全性就是要使工程在施工期和使用期内一切可能的最不利条件与荷载组合下都不致出现影响正常工作的现象和破坏；所谓耐久性就是保证工程各部分及其相互之间具有在预定使用年限内都满足使用目标的条件；所谓经济性就是在确保上述要求条件下要尽可能地减少投资，缩短工期。这几个方面是互相关联的一个整体。最佳的设计必须经过多种可能方案的比较，而在方案比较中，引入先进的理论、方法和技术，往往是获得最优方案的重要途径。现行的规范是一把有效而神圣的尺度，但不应该把它视为四海皆准而不容触动的教条，很多地方还需要在具有充分试验分析依据的基础下进行补充与修正。

四、岩土工程设计的内容

岩土工程设计必须把地基、基础、上部结构，甚至施工视为一个整体，以保证工程在整体上的变形、强度和渗透稳定性为核心，组合出可能的不同设计方案，作为分析计算的基础。岩土工程设计中的方案设计与具体设计是互相联系的，方案设计往往比具体设计更加重要，但方案的择优又依赖于具体设计及其概算的比较。一个重要工程完整的岩土工程设计方案常需包括地基设计方案、基坑支护设计方案、基础设计方案、上部结构设计方案、施工设计方案、环境设计方案以及观测设计方案，并对它们提出在质、量以及实施步骤、方法上的具体要求。

地基设计要面对承受基础所传来荷载的全部地层。直接与基础接触的地层称为持力层，其下则均称为下卧层。地基设计应首先考虑天然地基，在不能满足要求或不经济时再考虑人工地基。每种地基都可以从多种方法中选出可能的比较方案。

基坑支护设计是风险性较大的设计，不仅需要满足功能使用和基础埋深的要求，而且需要保护周边各种已有的建筑物、地下管线和道路。因此，需要根据场地地层状态特点，基坑形状和深度要求，周边环境的保护要求，确定基坑支护挡土结构方案（放坡护面、重力式挡土墙、喷锚土钉支护、桩墙支护等）和平衡水土压力的支撑或锚拉方案、止水降水方案和检（监）测方案等。基坑支护设计应对施工的工艺和土方开挖的工况提出具体的要求。

基础是指传递上部结构各种荷载的地下埋置部分。在基础设计中应首先考虑浅基础。浅基础和深基础都有不同的类型，常需结合具体条件，从基础的类型、形状、布置、尺寸、埋深、材料、结构等方面来寻求合适的比较方案。上部结构是指结构的地上部分。它的平面布置、立面布置、材料、结构形式、整体刚度、荷载分布的变化都会影响到地基与基础的工作，也可属于统筹寻求合理方案的比较因素。施工中基坑的开挖、降水、支护方法，以及施工顺序、施工期限和施工技术等诸多方面的变化均会对地基、基础和上部结构产生不同的影响，它也可能和其他因素一起，在形成最优的组合方案中起到重要作用。

任何一个岩土工程设计方案能够成立的条件是它必须在强度、变形和渗透诸方面确保足够的稳定性。强度稳定要求与建筑有关的土体不发生整体滑动、侧向挤出或局部坍塌。如对地基，其土体所承受的荷载应不超过地基的容许承载力。变形稳定性要求与建筑有关的土体不发生过量的变形（总体沉降、水平位移或沉降差）。如对地基，其土体实际的变形量应不超过地基的容许变形值。渗透稳定性要求与建筑有关的土体不发生流土或管涌，以及由水在土中的渗透而引起的破坏或过量的变形。如对地基，其土体实际的渗透水力坡降应不超过基土的容许水力坡降。

五、岩土工程设计的方法

岩土工程设计中必须把正确选用岩土计算指标参数和设计方法（尤其是指标参数与设计方法的配套）以及设计安全度的选择放在重要位置上。

①岩土的特性指标参数应注意土体的非均匀性、各向异性；注意试验测定的方法、条件与土体在工程原位时工作的相似性；也应注意参数可能随土体实际工作时间与环境的变化而有所改变。尽量模拟土的实际工作条件是确定土性指标的关键。考虑到土性参数变化的随机性（不确定性），在土性参数确定时，应保证足够的试验工作量，采取数理统计的方法确定计算中选用的指标。

②一般认为，概率法设计要优于定值法设计，极限状态法设计要优于容许应力法设计，因此将概率法（可靠度法）与极限状态法相结合的设计方法逐渐成了岩土工程设计中被人注视的方向。但此时，由于对每一个工程都进行可靠度计算的不现实性，实用上

常用建立在概率或经验基础上的分项系数法设计，即对一系列有关工程重要性、土性参数、荷载作用、抵抗力等各个分项都引入规定的分项系数来对比作用效应与抗力效应之间的关系。我国目前的有关规范开始采用了这种方法。定值的容许应力法，只比较荷载作用与岩土抗力，要求强度满足一定的安全储备，变形满足正常使用要求。在比较中，岩土指标采用某一个定值（平均值、大值平均值或小值平均值），荷载、抗力，尤其是安全度取值都建立在经验基础上。而以概率法为基础的极限状态法，一方面要按失效概率来量度设计的可靠性（将岩土指标和安全储备都建立在概率分析的基础上），另一方面将极限状态分为承载力的极限状态（破坏极限状态、第一极限状态）和正常使用的极限状态（功能极限状态、第二极限状态）。承载力的极限状态，既包括地基整体滑动，边坡失稳，挡土结构倾覆，隧洞顶板垮落或边墙倾覆，以及流沙管涌、侵蚀、塌陷和液化等（称为 A 类）；又包括土的湿陷、融陷、震陷及其他大量变形引起结构性破坏，岩土过量的水平位移引起桩的倾斜，管道破裂和邻近工程结构破坏，地下水的浮托力、静水压力和动水压力引起结构性破坏等（称为 B 类）。正常使用的极限状态，包括外观变形、局部破坏和裂缝，振动和其他如地下水渗漏等超过了正常使用或耐久性能的某种限度等。岩土工程可靠度分析的精度主要依赖于岩土参数统计的精度。岩土特性是一个空间范围内的平均特性。可靠度验算是整个体系的可靠度。虽然这种方法在目前还有较大的困难，但是它代表了设计方法发展的方向。

如果以当前对作用力 S 和抗力 A 常用的关系式为例，则它的表达式为：

$$\gamma_n S(\gamma_A, f_k, A_k, \alpha_k, \gamma_Q Q_k, \gamma_{sd}, \varphi_c,) \leq R(\gamma_R, f_k, A_k, \alpha_k, \gamma_{Rd}, C,) \quad (2\text{-}1)$$

式中：s（·）为作用力效应函数；R（·）为抗力效应函数；γ_n 为工程重要性分项系数（如一级 1.1，二级 1.0，三级 0.9）；γ_Q 为作用力效应分项系数；γ_{sd} 为作用效应函数计算模式不定性的分项系数；γ_{Rd} 为抗力效应函数计算模式不定性的分项系数；γ_A 为岩土参数作用效应的分项系数；γ_R 为抗力效应的分项系数；f_k 为岩土参数标准值；Q_k 为作用效应标准值；α_k 为几何参数；ϕ_C 为作用效应组合系数；G 为限值。虽然这里采用各类分项系数的概念是无可非议的，但是要确定它们的实用数值却并非易事。只有以概率分析或丰富经验为基础，才能逐步得到各类实际对象合理的匹配数值。

六、岩土工程设计的新途径

在岩土工程设计中，直接间接地应用工程实体的试验或监测成果，完善和修改岩土工程设计是一个值得重视和发展的新途径。由于岩土工程的影响因素复杂，数学公式或数学模型的建立往往需经过相当的简化假定，而且地质条件难以完全摸清，岩土参数不易准确测定，测试条件与工程原形之间的差别往往很大，即使是模型试验，也会由于模型材料与尺寸效应等问题很难完全作为定量的手段。因此，以实体试验和原型观测为依据，或者建立经验公式，或者或用经验系数修正理论公式（如由桩的静载试验建立桩的端承力、侧阻力的经验值；用土的静载试验建立地基承载力的经验值；用沉降观测数据修正试验，建立地基承载力的经验值；用沉降观测数据修正沉降计算公式等），或者直接作为岩土工程设计的依据（如足尺静载试验、桩墩的现场试验、现场堆载试验、现场试开挖试验、现场疏干排水试验、现场地基处理试验、锚杆抗拔试验等），或者进行动态设计，即信息化设计（如根据堤坝下软土地基土的位移和孔压观测数据调整加荷速率；根据开挖过程中土的应力和位移调整施工程序；根据沉降观测数据确定高层与裙房间后浇带的浇筑时间；根据深开挖或地下开挖过程中岩土和结构的应力、变形、地下水情况，采取补强或其他应急措施），或者通过数值反分析方法反求岩土体的参数以便检查设计的合理性，查明工程事故的技术原因及进行科学研究等，都是常用的良好技术和手段。

应该强调，反分析必须以工程原形为基础，以原型观测为手段，将观测数据与数学模型相联系，通过计算分析所得的参数与设计所用参数的对比，查验设计的合理性。因此，它要求勘察资料详细，有初始状态和应力历史的数据，有系统、全面、可靠的观测数据，且计算模型边界条件及排水条件合理。在进行理论解析、量纲分析和统计分析时注意反分析工程与设计工程之间在尺寸上的差异。而且，除非在确有把握时可用外延方法外，一般只能在内插范围内选取参数。反分析毕竟还有一定的假设条件，因此一般不应作为涉及责任问题的查证手段。目前，在实际应用中，可以进行非破坏性的反分析，也可以进行破坏性的反分析，其基本情况可参见表 2-1 和表 2-2。

表2-1 非破坏性反分析

工程类型	实测参数	反演参数
建筑工程	沉降、基坑回弹	变形参数
动力机器基础	反应的位移、速度、加速度	动刚度、动阻尼
挡土结构	水平位移、垂直沉降、倾斜、土压力、结构应力	岩土抗剪强度
公路	路基、路面变形	土的变形模量、加州承载比
降水工程	涌水量、水位降深	渗透系数

表2-2 破坏性反分析

场地类型	实测参数	反演参数
各类场地	地基失稳后的几何参数	岩土强度
滑坡	滑体的几何参数，滑前、滑后的观测数据	滑床岩土强度
液化	震前震后的密度、强度、水位、标高	液化临界值
膨胀性土 湿陷性土	含水量、场地变形、建筑物变形	膨胀压力、湿陷指标

七、岩土工程设计的技术文件

岩土工程设计必须提出清晰完整的设计文件。以文字表述的文件多用于方案设计，着重进行可行性论证，辅以方案所必要的图表（包括平面图、剖面图、工程项目一览表、材料统计表、概算表等）；以图件表述的文件，多用于施工设计阶段，辅以简要的文字说明。设计文件包括综合设计文件和分类设计文件。另外，在说明书中应包括任务来源、设计依据、设计的基础资料和基本数据、技术方案与计算、施工注意事项、检验与监测及概算等，一般还需附以存档备查的计算书。分类设计文件应针对不同项目（如天然地基、预制桩、灌注桩、降水疏干工程、开挖支护工程、边坡工程、地基处理等）分别提出。视具体情况，必要时尚可做出与设计相关的专门性的技术文件（如各种试验报告、检验报告、监测报告、调查报告、分析评价报告等）。

综上可见，岩土工程设计正在经历着四个转变，即由容许应力设计向极限状态设计的转变，由确定性设计向概率法设计的转变，由静态设计向动态设计的转变和由单体作用设计到共同工作设计的转变。它们必将使古老的岩土工程设计走上一个更加适应岩土工程特点的崭新阶段。

第二节　岩土工程施工

一、概述

岩土工程施工就是在吃透设计意图的基础上，组织力量（人力、物力、财力）将设计方案的要求，正确、合理、经济、安全、高质量、高效率地予以实现。并在实施过程中，注意进一步完善设计方案、设计方法、设计参数，及时处理出现的各种新情况和新问题。因它与工程特性和具体条件的变化密切相关，因而蕴藏着很大的可创造性。上述这些关于岩土工程施工的综合表述包括了岩土工程施工的基础、前提、要求和任务。

二、岩土工程施工的特点

岩土工程施工的根本特点：一是条件差，经常处于地下或水下；二是工期长，一般从基坑开挖到基础修建、基坑周围回填，往往需要相对较长的时间；三是费用高，几乎要花去工程总投资的30%~40%；四是风险大，常会遇到很多意想不到的问题，需要及时处理，以保证工程和人身的安全；五是变化多，一遇到异常就得改变设计，但又不能延误施工；六是更改难，一旦完成不好，就很难修改补救，甚至花费了大量的财力和人力，也至多得到一个很难令人满意的结果。从这些特点出发，岩土工程的施工必须一方面要吃透设计意图，另一方面要随时根据暴露出的地质条件和发生的各种现象，对原设计进行检验分析，必要时提出问题，或做出修改，切不可有半点马虎或放任。

三、岩土工程施工的核心

岩土工程施工的核心是抓好质量，抓好效率，抓好安全与环境。质量来自可靠的设备，合理的方法，先进的技术，及时的检验，正确的应变。为此，要认真贯彻有关质量工作的方针政策、技术标准、施工验收规范、质检标准和技术操作规程，推行科学的质量管理方法，严格原材料、半成品和构配件的质量检查和验收。效率来自周密的计划，合理的组织和熟练的技术。要责任分明，及时抓住和处理要害问题，不使岩土和施工的条件有任何恶化。安全包括兴建工程的安全，相邻工程的安全以及设备和人身的安全。为此，必须严格按设计施工；执行安全生产法规；做好施工前的安全技术交底；明确机电设备及施工用电的安全措施，防止吊装设备、打桩设备等倒塌的措施和季节性安全措施（防雨、防洪、防冻）；注意施工现场周围的通行道路与居民保护的措施；加强安全施工生产责任制。环境应包括工作环境和工程环境，应注意确保文明施工、场地整洁和工程邻近处居民的正常生活与已建结构物的正常工作。与此同时，岩土工程施工要把及时发现和处理一切新情况和新问题放在非常重要的地位上。岩土的复杂性表现为往往会在施工中出现许多难以预料的情况和问题，而且它的处理必须细心分析、当机立断、迅速准确、防微杜渐。否则，事态的扩大会造成难以弥补的损失。因此，对处理各种新问题的经验教训进行总结都具有重要的理论和实用价值。根据发现的新情况，评判、修改或补充原有设计，蕴藏着很大的创造性。

四、岩土工程施工的对象

岩土工程施工的主要对象是作为地基、边坡、洞室主体的岩体、土体和其中的水体。岩体和土体的开挖、支护、压实、加固与处理，以及水体的降排、防渗、防止流土、管涌和防止污染环境等，成了岩土工程施工中的重要课题。它们所涉及的施工技术有基本工种的施工技术，如土方工程、混凝土工程、钢筋工程、钻探工程、打桩工程、爆破工程、注浆工程等；也有专门的施工技术，如灌浆、预压、强夯、深层搅拌、高压喷射、灌注桩、振冲、防渗墙、沉井、预锚、土工合成材料应用等（这些专门的施工技术，将在以后做详细介绍）。必须注意讲求各种技术的实际能力和水平，并认真总结在复杂施工条件下施工的实践经验，不断发展施工技术，提高施工水平。

此外，岩土工程施工同样需要有详细的记录文件，它是质量检验、事故分析、经验总结、工程验收和科学研究的重要资料。

第三节 岩土工程检测

一、概述

岩土工程检测是指岩土工程的检验与监测。它的内容一般包括有"两个检验"及"三个监测"。"两个检验"就是对勘察成果与评价建议的检验，对各类施工质量控制的检验。"三个监测"就是对施工作用及各类荷载与岩土反应性状（包括应力、应变、位移、孔压、地下水等）的监测；对建设与运营中结构物沉降及性状的监测；对环境条件（包括振动、噪声、污染）、工程地质与水文地质条件以及邻近建筑变化的监测。通过这些检验与监测来获取信息的第一手资料或数据，并在对这些资料数据进行各种分析计算与总结的基础上，为设计的合理性与施工的高质量和安全、运营中工程的可靠性与稳定性、岩土工程理论与技术的检验和发展提供科学的依据。上述这些对岩土工程检测的综合表述，包括岩土工程检验与监测的内容、目的和重要作用。

二、岩土工程检测的特点

岩土工程的检验与监测不仅需要"查体"，而且需要"治病"。它是岩土工程建设中一个非常重要的、最有发言权的环节和内容。通过检测，可以反求出其他方法难以得到的工程参数；可以完善、修改设计或施工的方案；可以保证工程施工的质量和安全，提高工程的效率和效益。例如，用沉降、水平位移及孔压的观测数据控制分级加荷的时间；用黏聚力 c，内摩擦角 ϕ 及加荷后地基强度的增长率控制加荷的大小；用孔压 - 时间关系曲线及沉降 - 时间关系曲线的反演分析修正固结性参数等。既确保施工对象的安全，又检验设计的参数。

三、岩土工程检测的目的

岩土工程检验与监测的目的在于通过检验来考查设计施工的基本条件与具体要求是否达到；通过监测来考查设计施工的综合效果和实际效益是否达到。如果在二者之间发生矛盾，就需要通过仔细的研究，寻求其中的原因，或者总结经验发展理论（正效果时），或者查病治病，采取措施（负效果时）。因此，检验的要求是已知的，工作是主动的；而监测的效果是未知的，工作是被动的。只有通过一系列关于岩体、土体、水体或结构与设施内的变形和应力、位移和孔压以及地下水与其他有关方面的变化及其分析，才能做出符合实际的结论。一般既需要有相应的试验设备，又需要有不同的观测设备。通常的监测包括变形监测、位移监测、应力监测、孔压监测、地下水监测及环境监测等。

四、岩土工程检测的要求

岩土工程检验与监测的要求对不同的工程对象应该有所不同，必须针对不同的工程进行。这样，对天然地基工程，常需检验基槽的土质；监测回弹与建筑物沉降，地下水控制措施的效果与影响，以及基坑支护系统的工作状态。例如，对预制桩工程，常需检验桩的平面布置、质量，施工机械及置桩能量，置桩过程，施工顺序，施工进度，持力层的性质，最终贯入度，桩的垂直度，间歇天数等；监测打桩过程中土体的变形与孔压，桩身受力变形性状，单桩承载力，振动，噪声，桩土相互效应。对于灌注桩工程，常需检验桩的平面布置（数量、间距、孔径），成孔质量（垂直度、孔底渣土厚度、持力层终孔验收），施工顺序，工序衔接，施工进度，钻孔泥浆特性，钢筋笼规格质量、安设，混凝土特性、浇筑量、浇筑质量等；监测施工过程，桩身受力变形，单桩承载力，环境影响，运营期间桩土的相互作用效应（负摩擦、抗浮等）及群桩效应。对于地基加固工程，常需检验方案的适用性，加固材料的质量，施工机械特性，输出能量，影响范围深度，施工技术参数，施工速度、顺序、遍数，压密厚度，成孔、成桩的质量，工序搭接，加固效果，停工、气候和环境条件变化对施工效果的影响等；监测岩土性状的改变，加固前后性状的比较，环境影响，加固效果随时间的变化。对于基坑开挖的支护工程，常需检验基槽；监测支护结构、槽底和被支护土体的变形，锚杆的受力情况，地下水位及孔压，相邻建筑物的沉降等。所有的技术要求都依据于工程设计的条件与质量控制的标准。

五、岩土工程检测的关键

岩土工程检验与监测的关键是必须强调检验与监测的目的性、计划性、及时性、准确性、系统性和经济性。各项检验与监测工作必须在充分了解工程总体情况，即勘察成果、设计意图、施工组织计划的前提下，有针对性地按计划进行。检验与监测的重点和各工作点在空间和时间上的布局、方法和选择以及资料分阶段分析的安排等，都应以工程负责人能够及时掌握工程的总体进程状态为基本原则，以便及早发现异常，确认采取补救措施的必要性。检验与监测的资料应及时做出整理分析，以便有利于及早揭露仪器的失效或观测方法的失败，有利于及早发现和预报险情。准确性除了要求仪器稳定可靠外，还应保证与要求相适应的工作精度。系统性要求观测方案内容互相配套，防止盲目的设点。岩土工程监测的目的性、及时性、计划性、准确性与系统性都是有关经济性的重要问题。

应该特别指出，岩土工程的检验与监测不是孤立的，它应该与岩土工程勘察、设计、施工一起构成一个完整的系统。这种关系可以由图 2-1 来说明。由于岩土工程检测是在实际工程上进行的系统观测，对于岩土工程有关理论的检验和发展具有非常重要的科学意义，而且可以通过反分析求出其他方法难以得到的某些工程参数。

同样，岩土工程检测的全部成果必须完整地做出记录，妥善保存，以备施工时的分析和以后的应用。

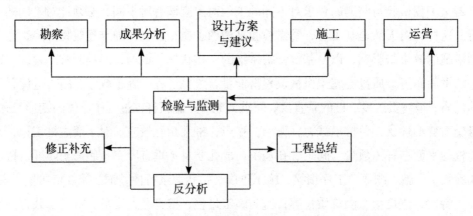

图2-1　岩土工程检测与勘察、设计、施工的关系

第四节　岩土工程管理

一、概述

岩土工程管理就是适应岩土工程的特点，动态地寻求主观与客观或技术与条件的最佳融合。因此，它需要统一考虑地基、基础和结构的共同工作；统一考虑勘察、设计、施工和检测的互相配合和强烈依赖性；统一考虑利用、整治与改造的整体优化；统一考虑安全、适用、耐久、经济与环境的基本要求；统一考虑岩体、土体和水体特性的时空变化等特点。它需要在指挥服务机构与技术决策系统间建立灵活、有序、有效、互相协调的运行机制和激励机制，达到调动一切积极因素，协调各方面的关系，推动工程在施工期的全面优化和运用期高效耐久的总目标。上述这些关于岩土工程管理的综合表述，包括了岩土工程管理的原则、思路、组织、关系和目标。

二、岩土工程管理的特点

岩土工程管理必须使行政管理与技术管理相配合，建立灵活、有序、及时、有效、协调的指挥服务机构与技术决策机构的运行机制与激励机制，推动工程的全面优化。岩土工程管理必须保证施工期材料的优质与及时供应，调动各方面的积极因素，使人员与技术同具体条件及其变化相融合。

应该特别指出，岩土工程管理的行政管理与技术管理都必须把风险管理放在重要地位，"凡事预则立，不预则败"。

三、岩土工程管理的核心

岩土工程管理的核心主要在于建筑施工期，但也要注意到工后应用期。在施工期管理上，在保证工程安全、质量和工程进度的前提下，必须坚持对于工程可能出现问题的预见性，以及处理问题时在全面质量原则下的灵活性；在工后管理上，既要保证工程的高效耐久，又要考虑原设计条件的变化，以其不致发生恶化为原则，对发现的新问题要及时研究，并予以妥善解决。

四、岩土工程管理的原则

岩土工程管理的总原则是目标系统的最优化。为了保证安全可靠目标、使用功能目标和施工质量目标，必须通过组织措施、合同措施、技术措施和经济措施，控制管理好工程的费用、进度、质量、安全和环境。

五、岩土工程管理的体制

以往，勘察有勘察院，设计有设计院，施工有工程局，研究有研究院。这种各据一方、缺乏互相配合和互相制约的局面，很难适应当代岩土工程客观规律的需要，给真正的管理工作带来了很大的困难。当前，这种体制上的不足在逐步得到改善。现代岩土工程管理主要包括施工总承包管理、设计施工总承包管理、交钥匙工程管理与承建—经营—移交（Build-Operate-Transfer）四种模式。

施工总承包管理模式是以我国社会主义市场经济条件下自主经营、自负盈亏、自我发展的经济实体为基础，通过与业主及承包人的合同关系，明确进度与计划控制、工程变更、计量支付、延期索赔等内容，承担工程施工期内的计划管理、技术管理、质量管理、成本管理、安全管理等，有效地进行工期质量及费用控制，充分发挥总承包施工管理和技术优势，完成工程施工的一种有效管理模式。

设计施工总承包管理模式是指工程总承包企业按照合同约定，承担工程项目的设计、采购、施工、试运行服务等工作，并对承包工程的质量、安全、工期、造价全面负责，能为业主提供从项目立项到建成的全过程服务的一种管理模式。它避免了设计、采购、施工、试运行分别由不同的组织来管理和实施而造成相互脱节、相互制约的现象；有利于设计、采购、施工的整体方案优化；有利于设计、采购、施工的合理交叉、动态连续、缩短建设周期；有利于实现项目目标，能有效地对项目全过程进行进度、费用和质量的综合控制；也有利于积累工程建设经验，不断提高项目管理水平，为业主和社会创造更好的效益。

交钥匙工程管理模式是承建单位为建设单位，即业主开展工程建设，一旦设计与建造工程完成，包括设备安装、试车及初步操作顺利运转后，就将该工程项目所有权和管理权的"钥匙"依据合同完整地"交"给建设单位或业主方，由对方开始经营的一种特殊管理模式。

承建—经营—移交（Build-Operate-Transfer，简称为 BOT）的工程管理模式是指根据合同安排，项目承办者承担建造，包括该设施的融资、维护，经营该设施一个固定时期，并允许对设施的使用者收取合理的使用费、酬金、租金及其他费用（但不超过投标书建议的或谈判并体现在合同中能使项目承办者收回的投资和经营、维护费用），在规定的期限将该设施移交给政府（政府机构或政府控制的公司）或有关地方政府部门。BOT 模式的实质是一种债务与股权相混合的产权。

六、岩土工程管理的形式

工程监理是岩土工程管理的一个重要形式。它要解决和处理某个具体工程建设项目中涉及岩土的调查、研究、利用、整治或改造等各个环节参与者的行为和他们的责、权、利，依据有关的法律、法规和技术标准，综合运行法律、经济和技术手段，按照业主委托的合同进行必要的协调和约束，保证岩土工程各个环节（方面）行为有条不紊地快速进行，以取得高的工程质量和最大的投资效益、好的环境效益和社会效益。它的主要工作内容是进行投资控制、进度控制和质量控制，进行合同管理和信息管理，协调有关单位间的工作关系，也就是说，它应该实施全面质量管理，它的工作核心是规划、控制和全面组织，它的基本组织系统如图 2-2 所示。

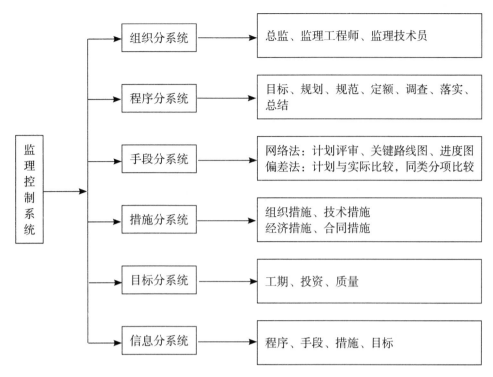

图2-2　工程监理控制的基本组织系统

　　由于全面质量管理是全过程的管理，就是从建设单位完全满意角度出发，使承建者各部门综合进行开发，保证和改进质量，最经济地进行生产和服务。岩土工程建设的质量管理主要包括勘察设计过程的管理、施工过程的质量管理和辅助过程的质量管理等各个环节。各个环节从计划、实施、检查、处理等各个分阶段形成"大圈（对承建者整体可划大圈循环）套小圈（对各部门又有各自范围的小圈循环）"的循环工作是全面质量管理的基本方法。这种方法称为PDCA（Plan-Do-Check-Action，计划—实施—检查—处理）循环的工程管理方法。它是ISO9000族标准中的一个核心内容，以戴明博士的理论（戴明循环）为依据。它既是工作方法，又是工作程序，它可以通过不断循环使质量不断提高。

　　综上所述，岩土工程的勘察、设计、施工、检测甚至管理是性质任务不同，但却密切相关，彼此渗透，缺一不可的整体。对于岩土工程来说，在它们之间有着比其他工程更加明显而强烈的相互依赖性。正如本章一开始所提到的，在勘察、设计、施工、检测甚至管理之间建立"你中有我，我中有你"这种整体系统的思想具有非常重要的实际意义。

第三章　岩土地基工程特点和设计

第一节　岩土地基工程的特点

《岩土工程学》的分论包括岩土地基工程、岩土边坡工程、岩土洞室工程、岩土支护工程和岩土环境工程。从本章开始，将对它们逐一地进行讨论。对于岩土地基工程，一方面由于它的涉及面广，内容多；另一方面，也由于它的许多基本思想和方法是处理岩土边坡工程、岩土洞室工程、岩土支护工程和岩土环境工程等有关问题的基础，带有一定的共同性（如地基、基础与建筑物共同工作的思想，地基处理的技术与思想，方案选择与优化的思想，变形、强度与渗透稳定性的思想，具体分析、具体解决问题的思想等），因此它将占据比较大的篇幅。本章至第七章将分别逐章就岩土地基工程的方案与设计的基本理论、天然地基工程、人工地基工程、地基基础的整治与改造以及特殊条件下的地基工程等问题进行讨论。岩土地基工程的方案与设计的基本理论问题将是本章的主题。

一、岩质地基与土质地基

如前所述，直接承受上部结构及基础荷载作用的那部分岩体和土体分别称之为岩质地基与土质地基。对于岩质地基，除非地基岩体有较软的岩性，或较强的风化，或较大的断裂，或较发育的裂隙和溶洞，通常，它不会出现变形、强度或渗漏的稳定问题。如果有发生这类问题的可能，则应将建筑物基础放在新鲜岩体上，并常利用固结注浆和帷幕注浆的方法予以处理，以增强承载能力，减小渗漏影响。地基中较大的断层，常用挖除充填物后填塞或用（钢筋）混凝土梁拱结构跨越的方法予以处理。对可能影响地基工作的非稳定岩体，亦可采用锚固处理的方法。总之，对一般的建筑工程，岩质地基的问题比土质地基的问题相对较少。对特殊条件下或特殊应用功能的建筑物，岩质地基问题仍然需要针对具体条件，应用岩体力学与工程的理论和方法进行深入的研究。因此，土质地基工程通常应是岩土地基工程所需要面对的重点。

二、地基、基础与上部结构系统

岩土地基工程必须将地基、基础和上部结构视为一个互相联系的系统。这是岩土地基工程的一个十分重要的特点。上部结构传来的荷载需要通过一个基础传递到其下一定范围内的岩土，即地基中去，这个基础同时还具有安固上部结构、调整地基不均匀沉降、抵抗上部结构滑动与倾覆（水平荷载作用时）以及减小上部设备振动，使上部结构、基础与地基共同工作的作用。因此，岩土地基工程虽然应该着重解决地基设计问题，但地基设计绝不能离开基础设计与上部结构设计。只有在充分占有具体条件下各种勘察资料的基础上，从地基措施、基础措施、结构措施甚至施工措施诸方面进行综合的运筹，按安全第一性、技术先进性、施工可行性、经济合理性的原则，经过精心组合、多种方案对比、从中择优，才能选定合理的地基方案。然后，再对这个地基和基础方案做出具体的设计，使地基在变形（沉降）、强度（承载力）以及抗倾覆抗滑动（水平荷载下）等方面均能满足设计结构与其建筑等级互相适应的稳定性要求。这才是解决地基工程问题正确可行的途径。

三、地基对建筑物的主导作用

岩土地基工程虽是一个系统，但它的主导方面仍然是地基。它毕竟是客观存在的地质体，人为选择和控制的余度不大，而且相对于基础和上部结构来说，它一般是弱势方面。再加上它有较大的隐蔽性，存在的问题往往不能够充分揭露。因此，把主要的注意力投向地基，对它进行充分的利用或合理的改造是解决地基工程问题的焦点。它影响着和决定着基础及上部结构的有效组合。这是岩土地基工程的另一个重要的特点。

此外，岩土地基工程在其工作环境、计算参数、荷载与阻抗力以及诸多方面的非确定性变化，常迫使人们不得不把更周密的考察、更正确的思维、更实际的方法和更妥善的判断与结论提到重要的地位，这是岩土工程又一个重要的特点。

第二节 岩土地基工程方案设计

基于以上的特点，岩土地基工程的设计必须把方案设计放在非常重要的位置上，并且应该从其主要作用的地基，以及基础、结构和施工诸方面采取措施来寻求它们之间不同方案的最佳组合，最终提出合理而可行的最优方案。

一、地基措施

通常，地基可以分为天然地基和人工地基。天然地基是以天然的岩土层直接作为建筑物的持力层；人工地基则需要对原有岩土层进行人工处理后再作为建筑物的持力层。在这两种地基类型中，首先应该考虑天然地基的可能性。为使地基的持力层和下卧层均满足变形、强度和稳定性方面的要求，可以与适宜的基础措施相配合。在天然地基确实不能满足要求或明显不够经济时，应考虑采用人工地基，采取人工改善处理的方法使原有岩土体得到加固。这时，对于地基进行处理的措施主要可从改变地基土的密度、改变土的成分、改变土的应力变形条件等方面着手（因其在以后地基处理一节中还要涉及，故此处只提及它们的基本概念）。

（一）改变地基土的密度

增大地基土的密度是地基处理中一个比较常用的方法。为使地基土的密度增大，以达到提高承载力或减少渗透性和沉陷性的目的，常用的方法主要有夯密法、振密法、挤密法及压密法。

1. 夯密法

夯密法系将一定重量的重锤吊起，然后令其自由落下，冲夯基土，使一定深度内的地基土受到压密的方法。通常有重锤夯密法和强夯法。重锤夯密法常用 1~2t 的钢筋混凝土制成圆锥体重锤，底面直径为 0.7~1.2m，落高为 3.5~4.0m，在土的最优含水量下夯击，使达到夯实面上夯打一遍的沉陷量不超过 1~2cm 的标准。此法被广泛用于加固稍湿的各种土及填土。对黏土类土的地基，处理的深度为 1.5~2.0m。对于黄土地基，当基础宽度在 3.0m 以内时，夯实后的计算强度可以提高 30%。强夯法系由法国梅纳尔提出的。它从开始在我国应用于塘沽新港（1978）就引起了工程界很大的兴趣。此法系将 6~40t 的重锤用起重机械吊起，令其由 7.5~45m 的高处自由坠落，向基土施以强大的夯击能，使基土强力夯实，达到加固的目的。加固深度可达 10~15m 以上。这种方法在砂土、饱和细粉砂、粉质黏土、填土、黄土中应用都得到良好的加固效果。在淤泥质软土、饱和黏土中，只要能使水顺利排出，或采用"轻锤、多遍、长间歇"这种"少吃多餐"的施工方法时也可有效地应用。强夯法加固地基主要是一种动力固结作用，一是动力波的压缩，二是动力水的聚结。强大的动力波除在地表附近由于横波和面波的干扰而出现松胀区（此区在最后再通过满夯压密）外，纵波的作用使地基土得到压密加固。同时，当振波在土中传播时，由于土骨架和孔隙水两种介质的动力效应不同，动力差会使孔隙水转换成动力水而重新聚结，使孔隙水在高孔隙水压力下，经由在土中造成的网状通道排出，加速土的固结作用。

2. 振密法

振密法是通过向砂土施加一定的振动力以提高地基土密度的方法。最简单的方法就是将常用的混凝土振捣器插入砂性土中振动，使土在自重作用下发生下沉。此时，再在松砂地面上出现的陷穴内填以砂土，直到振动器达到设计深度后，令其在该处继续振动约30s后，在振动下拔出。如果松砂原处于非饱和状态，则可采用水力振冲法。它由一个可在偏心块运动下产生振动，又有水管产生高压射流的振冲器来使松砂达到饱和和受到振动而发生密实，可以使工作效率大大提高。这种方法的压密深度可达7m以上，但在大面积范围进行振密时则相当费事。此外，还有爆炸振密法，它可使饱和砂土在发生液化沉积后，也得到较大的密实度。这种方法施工期限短，施工方法简单，不需要复杂的设备，故得到了工程界的注意。

为了使深度较大和范围较广的饱和砂土得到振密，还有脉冲气压法和体积激振法。脉冲气压法的实质是向饱和砂土中先沉入一个导气管，从导气管的一端以10~15Hz的频率，将压力为3个大气压的压缩空气不断冲入。空气的脉冲给导气管周围的土施以振动作用，从而引起压力的弹性波向土体深处传播，使砂土受振压密。这种方法可以保证3~4.5m深度内土的密度增大。压实的有效半径达到4~5m，生产率1600~2300m³/h。体积激振法的主要设备为一种振密器。振密器系一个长管（直径20cm，长7m），其上在径向安置有数层水平肋条，形成一个直径为100m、长7m的空心肋形圆柱。在将其沉入土中时，由于其上振动器的冲击作用，会使相当大范围内的砂土同时受到振动作用而变密。利用这个方法可以使细砂和中砂的干密度达到1.75~1.78g/cm³以上，内摩擦角达到不小于45°的数值。

应该指出，国内已经广泛使用了振冲法，它的振冲器由潜水电动机和一组偏心块组成，水平振动力可达100kN。从它的下端喷水口射出的高压水流有定向和掏冲双重作用，可迅速准确地将振冲器下沉到加固深度上。为了提高加固效果，此时还可沿振冲器导管附近不断添加碎石填料，边填料边提升振冲器，碎石填料逐渐沉入孔底，并向四周挤压扩大，形成碎石桩的复合地基。这种方法在砂土、黏性土中均可应用。

3. 挤密法

挤密法系将一根空心并带有可卸桩尖的钢管（直径常在30~40cm之间）打入或振入地基土中，钢管占据的部分地基土被挤向四周，使周围土变密。然后，使桩尖与钢管分离，一面将钢管拔出，一面向管内灌砂，并在管内用落锤将砂夯实。或者，将钢管拔出后，夯实回填桩孔。这样，地基内便形成了一根砂桩（如填以其他土类则形成一根土桩）。因此，此法常称之为砂桩法（或土桩法、碎石桩法）。它可用于挤密各种土类的地基。但在高塑性黏土地基上打桩时，地面可能向上鼓起，挤密的效果较差。在深厚的黄土地基上使用土桩法挤密时，常可先在地基中钻出小孔（直径6~7cm），放下连串的炸药包或条形药包，再从下向上连续起爆，钻孔孔径即可扩大到40~50cm，从而将地基土挤密。空留的孔内最后用黄土填塞，必要时，亦可在其中置入钢筋骨架，填以混凝土，形成所谓爆扩桩。

4.压密法

压密法系在建筑物修造以前，预先将重物（如土、砂石料或其他重物等）堆置在地基或永久性填土之上，使地基发生沉陷，等沉陷稳定后，将重物移除，再在经过预压的地基上修造建筑物，可使建筑物的实际沉陷大大减小。这种方法通常称之为加载预压法。此法对砂质或轻砂质淤泥（固结快、压缩量大）特别有效。为了加速预压固结过程，加快工程进度，通常多采用砂井预压法。近年来，在制作砂井时，已多用袋装砂井，即在用聚丙烯编成的沙袋（直径70cm）内灌满砂子，将其放入打于地基内的钢套管中后，再拔出套管，形成袋装砂井。袋装砂井常布置成正方形或正六边形。由于这种砂井系预制而成，可以保证质量，保证连续性，且尺寸小，施工快，有柔性，使用方便可靠。此外，也常用塑料排水板代替砂井。对于预压也采用真空预压法，最早由瑞典的杰尔曼（W.Kjellman）提出，此法系将不透气的薄膜铺设在需加固的软基地表砂垫层上，薄膜四周埋入土中，借埋设于砂层中的管道将薄膜下土体间的空气抽出形成真空。这样，一方面由于薄膜内外压力差，土体上作用了一个压差荷载，抽气后地下水位下降时，又增加了重度差的附加压力，可使固结压力增大；另一方面，砂井砂垫中的水面压力很快降低，而土体中水的压力下降较慢，也能形成水压梯度，加速排水。还有土中的气泡被抽出后，加大了土的渗透性，可使固结加速。因此，真空预压法是一种时间短、效果好、费用小、安全度高的加固方法。以上种种压密方法也可根据具体条件联合使用，以提高预压的效果。

（二）改变地基土的成分

改变基土的成分指采用一定的人工方法改变地基土的机械成分、矿物成分或化学成分，使其稳定性满足建筑物荷载作用的要求。目前从这种途径增大地基稳定性的方法也很多。

1.改变地基土的机械成分

改变地基土机械成分的方法，就是将某种胶结材料（常用的无机胶结材料为石灰、水泥，有机胶结材料为沥青）压入或拌入地基土中，使其分布于土粒表面及土的孔隙中，形成胶结系统。同时，也使土中的细颗粒胶结在一起，形成集粒，从而减低土的分散度，提高土的稳定性。利用有机胶结材料加固土的方法多用于道路的路基及飞机场的地基，以改善土的内聚力及抗水性，也用于建筑物的地基来改善土的不透水性。它可包括水泥灌浆法、旋喷加固法和深层搅拌法等。

（1）水泥灌浆法是利用无机胶结材料加固的方法，其应用面较广，尤其是在水工建筑中，是增大地基强度（固结灌浆）和减小地基渗漏（帷幕灌浆）时常用的方法。由于灌浆法需要用压力将制成的浆液（采用水泥砂浆、水泥和黏土浆，或采用煤油、石油等稀化剂把半固态的沥青稀化而成的液态沥青）灌入地基岩土体的孔隙及裂缝中以胶结基土或堵塞孔隙和裂缝，故在实际工程中采用这种方法时，必须解决灌浆孔间距、孔深、灌浆压力、浆液浓度、灌浆边界及灌浆效果等一系列互相关联的问题。

（2）旋喷加固法是用钻机钻孔到所需深度后，用高压泥浆泵沿钻杆将水泥浆压喷入土的孔隙，同时边喷浆、边旋转、边提升，使喷向周围土体的水泥浆与被高压射流破坏的土颗粒相混合，最后胶结硬化而成旋喷桩。此法简便，施工场地狭小（只要能够操作钻机即可），桩长可达 40~50m，既可用于工程修建，又可用于修复处理。

（3）深层搅拌法是利用水泥作为固化剂，通过特制的深层搅拌机械，在地基深部就地将软黏土或松散砂土与水泥浆强制拌和，硬结而成一定强度的水泥加固土，以提高承载能力。

旋喷加固法和深层搅拌法既可做成柱状加固，又可做成壁状加固。深层搅拌法又有地基土不受侧挤，对邻近现存建筑物影响小的优点。它比预压固结法收效快，比垫层法土方少，比旋喷法水泥用量少。

2. 改变地基土的化学成分

改变地基土化学成分的方法就是将某些化学溶液压入土的孔隙，使其互相之间或其与土内已有的化学成分之间发生化学变化，产生一种新的胶结物，将土粒胶结起来；或者将直流电通入土中，使土中的化学成分发生电解及离子交换，生成胶结物质，使土得到较高的耐水性和坚固性；或者使前两种作用过程同时发生。属于这类的方法有硅化法和电化法（包括电动硅化法和电动铝化法）。

（1）硅化法将硅酸钠（常称水玻璃）溶液压入土中，使其与土中原有的某种化学成分或随后注入的另一种化学成分发生化学反应，形成硅胶【$nSiO(m-1)HO$】，将土粒胶结起来。前者一般称之为单液法，后者称之为双液法。单液法通常用于对黄土的硅化处理，此时硅酸盐溶液（1~1.5g 当量浓度、比重 1.13）可以与黄土中存在的钙、镁盐类（硫酸钙、硫酸镁等）发生反应，形成硅胶，即：

$$Na_2O \cdot nSiO_2+CaSo_4+mH_2O \rightarrow nSiO_2(m-1)H_2O+Ca(OH)+Ca(OH)_2+Na_2SO_4$$

（3-1）加固后的黄土具有非湿陷性、不透水性和耐水性，而且可以得到 600~800kPa 的强度。

双液法通常用于对砂土的硅化处理。此时压入土中的硅酸盐溶液【3N（当量浓度）、比重 1.13~1.42】将与随后注入的氯化钙溶液【5N（当量浓度），比重 1.13】发生反应，形成硅胶，即：

$$Na_2O \cdot nSiO_2+CaCl_{42}+mH_2O \rightarrow nSiO_2(m-1)H_2O+Cu(OH)+2NaCl$$

（3-2）加固后的砂土具有不透水性，强度可以达到 1000~1500kPa（有的资料为 1500~3000kPa，有的资料为 5000~6000kPa）。由于硅酸钠的黏滞性较高【30~50cP(厘泊)】，且溶液要做两次压入，故双液法不适用于力口固细粒的土类。因此，对粉砂进行硅化处理时，常先将硅酸钠溶液（2N，比重1.19）加入低浓度的磷酸溶液（1N，比重1.025）中，使其具有较小的黏滞性，以及在若干小时内（4~10h）进行灌注的可能性，然后再将其一次压入土中，使其发生反应后形成硅胶，即：

$$Na_2O \cdot nSiO_2+H_3SO_4+mH_2O \rightarrow nSiO_2（m-1）H_2O+2Na_2HO_4$$

（3-3）加固后的粉砂具有不透水性和耐久性，强度可达300~500kPa。

（2）电化法，或称电动化学法，可分为电动硅化法和电动铝化法两种。这两种方法都是在拟加固的土中布置一系列的电极（阳极和阴极都由金属管棒制成）在通以直流电后，一方面由于土中电渗力作用的影响，土中的水分由阳极流向阴极，在阴极进行抽水后即可降低土的含水量，加速土的固结作用，使压缩性减小，强度增大；另一方面，在用电动硅化法时，当水玻璃及氯化钙二种溶液由阳极管棒压入土的孔隙时，溶液向土中的流动不仅受压力的作用，而且受电渗力的作用。起初，因电渗作用不如压力作用显著，溶液的流动主要受压力的支配；但在渗流一定距离后，压力作用变得较小，溶液在土中的运动主要受电渗力作用的影响。它使水由阳极向阴极的逐渐渗透，既可使溶液在土中混合均匀，又可使溶液进入土中比较细微的孔隙，从而使硅化法适用于黏土类的加固处理。此外，在硅胶生成以后，电渗作用还可使硅胶部分脱水，使胶结作用增大，加固后的基土可得到更大的强度（400~2500kPa）。

在利用电动铝化法时，阴极的金属体系用铝棒做成，当铝棒因电解而产生铝离子Al^{3+}时，它可以和土粒周围原来吸附的低价阳离子（如Na^+，K^+等）发生离子交换，使Na黏土转变为H-Al黏土，从而改变土的吸水性和可塑性，提高土的强度和稳定性。同时，电解作用和离子化合作用的结果，还可以在土中产生$Al（OH）_3$等胶结物质，填塞土的孔隙，加以胶结，增大土的强度。

但是，当采用电化法处理地基时，往往会因电渗排水引起的土体收缩使土产生裂缝或引起已有建筑物基础的不均匀沉陷，应予慎重考虑。我国在应用电动硅化法处理佳木斯糖厂层状淤泥质黏土地基的加固（1955）和唐山开滦煤厂林西风井的建筑地基（1954）时，都得到了成功的效果。

3.改变地基土的矿物成分

改变地基土矿物成分的方法主要有焙烧法。此法系在钻孔（直径0~20cm）中压入温度达600℃~800℃的热空气或在钻孔中直接放入燃料燃烧，使钻孔四周一定范围内的基土受焙烧而发生脱水，并将有机物烧尽，使碳酸盐分解，胶体凝聚，降低土的亲水性、塑性和膨胀能力，增大土的力学强度，甚至使土中某些矿物再结晶，结晶水蒸发以及矿物分解和熔解，使土的原有性质改变（因为土中存在的Fe、Mg、Ca、K、Na等的氧化物能够使硅酸铝的熔点由1600℃~2100℃，降低到800℃左右）。此法加固处理后的地基，因烧结会使土的黏粒含量减小，砂粒及粉粒含量增多，孔隙率增大，导致透水性增大。

此法在饱和土中不能应用，故多用于黄土地基，以防止或减小湿陷的危害性。

（三）改变地基土的应力分布和变形条件

从改变地基土的应力分布和变形条件出发来增大土体稳定性的方法，主要有砂（土）垫层法、预湿法、反压法和土工织物法等。

1. 砂（土）垫层法

砂（土）垫层法系将基底下一定深度以内的软弱土挖除，然后填以砂（或土），分层压密，作为基础的底垫层。这样处理的结果，一方面因原来的软弱土由较好的砂或土所代替，而且它又有一定的密实度，从而增大了地基和基础的稳定性，减小了沉陷量；另一方面，砂垫层的铺设又改善了地基的排水情况，可以加速地基的固结。再加上砂土易于就地取材，施工工艺简单，设备要求较易满足，施工速度较快，费用较省，故在工程实践中应用较广。如果软土被挖除后填以砾石和石灰土等，则分别称之为砾石垫层和灰土垫层。这一类方法可以总称为换土法。

2. 预湿法

预湿法是处理黄土地基的一种有效方法。它的基本出发点是让黄土的湿陷发生在建筑物建成之前，以消除湿陷对建筑物的影响。用这个方法处理建筑的地基时，一般系在已开挖的基坑内灌水。为了加速地基的浸湿，先可在基坑内设置钻孔，填入砾砂，然后灌水预湿。同时，在修建建筑物的同时，不断向钻孔内灌水，使黄土地基的湿陷在建筑物所引起的较大压力下进行，以增大预湿效果。用这个方法处理堤坝建筑时，根据苏联"湿陷性黄土堤坝的建造及其地基处理指示"的规定，如果土坝横截面宽度在 50m 内，或沿坝轴方向上 100m 内黄土地基的湿陷量或其不均匀性不超过 20~30cm，则无须进行预湿，可以采用同在非湿陷性地基上筑坝的同样方法进行建造，否则，即应采用预湿法。预湿应在基坑开挖前进行。预湿面的长度应包括沿坝轴方向有湿陷性黄土分布的区域。预湿面的宽度应包括两侧各一半坝高的范围。预湿的深度在坝高超过 25m 时，应包括全部湿陷性土层；如坝高小于 25m，则在湿陷性土层不超过 15~20m 时，预湿到 20m 以下的非湿陷性土层或厚达 3.0m 以下的不透水层。如没有这种条件，则预湿的土层应使其下土层的湿陷量不超过 30~40cm。预湿应该使所有拟预湿范围内的土达到不小于 0.8 的饱和度。对不高的坝（小于 15m），如地基的预计湿陷量不超过 40cm，则可在未预湿的地基上采用边增大坝高，边提高上游水位的方法修造，以加速工程进度。对较高的坝（30m 以上），如地基的湿陷性黄土层较厚（超过 20m），则应在预湿过的地基上再分成 2~3 期建造，每期造成后即提高上游库水位。此外，如果在预湿处理并开挖基坑后，在基坑中进行夯实，则对减小地基的沉陷量，尤其在强湿陷性黄土上或表面有根孔、虫洞的情况下，有着显著的效果。

3. 反压法

反压法系在基础的两侧堆填土石（称为反压台）以阻止基土的侧向挤出，达到增强地基稳定性的方法。它是根据基础旁侧荷载或一定的砌置深度的土重，即其的存在能够使地基各点的最大、最小主应力差减小，即剪应力减小，以增强对剪损破坏稳定性的概念而提出的。这种方法因其可以就地取材，施工简便，而且对堤坝来说，反压台又可兼起防浪作用，或作为防汛期间护堤抢险的工作场地，故应用较广。反压方案的设计在于确定出荷重的大小及其伸延长度，以保证基底下的基土不会出现过大的塑性区，反压台下的基土也不会因稳定性丧失而破坏。根据某些工程的初步经验，如塑性区的宽度为反压台两外缘点距离的一半时，堤身仍能稳定。因此，可以根据容许的塑性发展区范围（视具体建筑物而定，目前还不能从理论上解决）和基础传递的荷载图形，近似地按限制地基中塑性区法的原则计算反压荷载的大小。如果堤坝很高或基础传递的荷重过大，则一级反压台往往不能使建筑物地基或反压台本身的地基保证稳定，此时常可用多级的反压台方法。

4. 土工织物法

土工织物法是一种将土工合成材料（有纺布及无纺布）置于地基土体或其他土体内以增强土体稳定性的方法。无纺布多用于作渗滤材料（铁路上用以防治路基翻浆冒泥），有纺布用于加筋材料以及堤坝的铺设材料。将这种织物埋入土工建筑物或土工地基中，可以得到明显的加固作用。例如将其埋入堤坝下的砂垫层中时，它既是堤坝的柔性筏基，堤身荷载通过它传到地基时可收到减小应力和使应力更均匀分布的效果，又可减小侧向变形。同时，在边坡稳定分析中，它还可以增加一个由土工织物拉应力所产生的抗滑力矩。因此，采用土工织物加固往往可以收到良好效果。土工织物现已发展为不同类型的土工合成材料，如膜布型、网垫型、格室型、模袋型、芯管型等多种类型，它的利用还可以发挥隔离、过滤、排水、加筋、防护、封闭、防渗等作用。

此外，工程上常用的重锤冲填法、抛石挤淤法以及爆破挤淤置换法也是改变地基应力分布与变形条件的有效方法。

综上所述，从地基处理方面选择方案的方法很多，在选用时必须结合具体的土质条件，各种方法的适用条件、建筑物的使用条件、工期要求、经济条件、机具设备和技术条件等进行反复比较。例如，对于水工建筑，因其地基处理的目的主要是提高地基的承载能力（对细粒、疏松的土）和减小地基的透水性（对粗颗粒土）。当以防渗为主时，灌浆法是常用的方法。它可视土中缝隙的大小，采用水泥浆、水泥砂浆、热冷沥青或化学溶液。当以增加承载力为主要目的时，常用的方法有砂桩法、砂垫层法、预压法和反压法。对于黄土类土，因其具有湿陷特性，故它的地基处理以预防、减小或消除湿陷对建筑物的可能影响为主要目的，常用的方法有预湿法、（灰）土桩法、强夯法等。至于硅化法和电化法，因成本昂贵，在大面积上应用尚有困难，但它的加固作用快、工期短、能及时防止事故的发展和影响，多应用于事后对地基的补强处理。

二、基础措施

无论天然地基和人工地基均需配合以适当的基础。因此，从基础方面看，可以从改变基础的基底高程、改变基础的形式、改变基础的底面形状和尺寸等以下几个方面寻求不同的方案。

（一）改变基础的基底高程

基础底面的高程（或基础砌置深度）一般应在满足建筑物的用途和构造特点，并适应所传递荷载的大小和性质，相邻建筑物基础的埋深，建筑场地的地质、水文和气象条件，可采用的基础材料，以及结构与施工方法的前提下，尽可能选用浅基础或补偿基础（使挖除的土重与基础传来的荷载相接近）。因为，从经济的观点看，如砌置深度越浅，则土方开挖越少，支护难度越小，碰见地下水所引起的施工困难越小，基础材料消耗越少，工期可能越快，因此比较经济；但从稳定的观点看，如砌置深度越小，则地基和基础的稳定性越低，在气候变化或有水流冲刷的情况下，还可能引起地基土的干缩、冻胀或掏挖而导致建筑物的某种事故。在砌置深度越大时，虽然花费和遇到的困难也越大，但基础的稳定性越高，地基的强度越大（下卧软弱土层距地面较浅的情况例外）。在地基沉降量很大，但沉降均匀，且沉降过程较快时，可采用预升高的基础，使地基沉降稳定后的基础底面达到要求的标高。在海、河水域内，常可在建筑地点抛石，形成抛石垫层，再在其上修造基础，既可减小基础的高度，甚至减小水下施工的困难，又可使基础传递荷载的作用应力扩散，地基的受荷更加均匀。但是对挡水建筑物，基础砌置深度的加大，同时也使其上作用的水压力增大，在稳定性分析中必须予以考虑。

通常，在确定基础的基底高程时，可先根据当地冻结深度的大小和建筑物对深入地下的要求，提出一个必需的最小砌置深度，然后根据该深度内土层的性质，地面水可能的冲刷做必要的修正。此时，往往会出现不同的具体方案，这就一方面需要进行稳定性验算，看其是否能够保证一定结构形式的上部结构在一定荷载作用下的稳定性；另一方面需要从材料消耗、工程数量、施工可能和工期长短上比较各个方案的经济性，最后才能对基础砌置深度做出选择。

还须指出，基础砌置深度，也往往同基础所用的材料有关。因为如果采用砖石材料，则因其不能承受拉力，故基础对柱或墙的外伸部分不能过大，即不能迅速扩展到地基土性质所能许可的基底尺寸。为使基础尺寸由墙或柱的较小尺寸逐渐扩展到基底所要求的较大尺寸，就需要将基础做成梯形或阶梯形，也就是需要有一定的砌置深度。此时往往会使基础深入地下水位以下，造成施工上的很大困难。但如果采用钢筋混凝土材料，则基础可以做成较大的尺寸和任意的外形，可不深入地下水位以下，使砌置深度降低。这种方案，有时可能比砌置深度较大的砖石基础尤为经济。

（二）改变基础的形式

显然，在决定基础砌置深度时，应该尽可能选择浅基础，必须加大埋置深度时才考虑采用深基础。由于浅基础和深基础都有不同的结构形式，因此它们还可以通过改变基础的形式来达到安全和经济的要求。

1. 浅基础形式

对浅基础来说，尽管大型建筑物的基础相当复杂，但它们总是可以划分为几个基本的基础形式。它除有单独基础、条形基础、联合基础、整体基础（独立建筑物下的整体基础）、筏片基础、箱式基础等传统的基础形式外，还有新发展起来的壳体基础、锚杆基础、折板基础、陀螺基础或夯坑基础。采用哪种基础形式或哪几种形式的组合，应该与上部结构（墙、柱、独立结构物等）、地基的承载力、荷载的性质（水平力、上拔力等）和基础的砌置深度有关。

（1）单独基础和条形基础

通常，单独基础为柱下基础的主要形式，条形基础为墙下基础的主要形式。但当墙传给地基的荷载不大，而由于某种原因必须有较深的基础砌置深度时，亦可将墙砌筑于数个单独基础上面的过梁上，形成墙下单独基础。反之，当柱传给地基的荷载较大，而地基较弱，所需的基础底面积可能较大，以致柱下的各单独基础相当接近时，亦可将这些基础连在一起，使柱支承在一个共同的条形基础上，形成柱下条形基础。如果墙和柱的条形基础，因地基土很弱而需要扩大基础面积，或为了增强基础的刚度以调节不均匀沉降时，亦可将两个方面的条形基础连接起来，构成十字形基础（交梁基础、格架基础）。

（2）筏片基础和箱式基础

如果地基特别弱，而荷载又很大，十字形基础的底面积还嫌不够，且未被基础覆盖的面积已经很小时，即可将基础做成一个连续的整体，构成所谓筏片基础（平板式、梁板式）。筏片基础的进一步发展，就出现了具有更大刚度，基底应力更加均匀，抗震性能好，且易于与地下楼层相结合的箱式基础。它是由底板、顶板、外墙和相当数量的纵横内墙，构成单层或多层的箱形钢筋混凝土结构。由于它有较大的基础底面积，能承担较大的建筑物荷载，容易满足承载力的要求，而且当地基有局部地质缺陷时，也容易直接跨越，避免局部处理；又由于它将整个建筑物连成整体，有较大的刚性，可调节和均衡上部结构荷载向地基的传递，减少沉降差及结构内的附加应力；它的基础埋置深度较大，可提高竖向及水平向的承载力，增加建筑物的稳定性，地基的补偿作用可减小基底的附加应力，减小沉降量；它在建筑物下部构成的地下空间，可安置需要的设备和公共设施。因此，箱式基础就成了当前一般高层建筑的重要基础形式。如对于高度超过 50m

的建筑，也多采用桩与筏基的组合、桩与箱基的组合它们分别称之为桩筏基础和桩箱基础等。在受有拉力的情况下，可设置锚桩。

对于水闸、桥墩、烟囱、水塔、高炉及机器基础，常做成整块或实体的基础，使整个建筑物支承在一个独立基础上，构成整体基础。地基土较强时，亦可做成圆环基础。

（3）壳体基础和折板基础

壳体基础是一种承重的薄壳结构。它一般采用圆锥壳及其组合形式（M形组合、内球外锥形组合等），壳壁厚度不小于80cm，常用于一般工业与民用建筑桩基或筒形构筑物（烟囱、水塔、料仓、中小型高炉等）。对于承受拉力或水平力较大的建筑物，其基础可用锚桩、锚拉、锚杆基础，在地层中，可以钻孔注浆方式、预制方式或预制—现浇方式形成灌浆锚杆（用粗钢筋、高强度的钢丝束或钢绞线）。在人工填土中，可做成锚定板形式。锚杆基础的结构常有螺旋形锚杆、带扩大截面的锚杆、楔形锚杆、带张开式扩大端的锚杆等多种形式。

折板基础（拱形折板基础），是将通用的筏片基础改成折板结构形式或者拱形，形成倒拱形受力结构。根据计算，它可以比筏板（平板）基础节约钢筋49%，节约混凝土54%，且由于它在水平向产生对外的推力，使构件受力更合理，可充分发挥材料受压的性能（水平推力对房屋两端横墙的推力可由纵向地基梁和基础埋深范围内被动土压力以及墙自重产生的阻力来平衡）。

（4）陀螺基础和夯坑基础

陀螺基础是将预制的陀螺状体（不同尺寸，半径和高均为330mm型、450mm型和500mm型），按基础尺寸排列就位（由圆锥底端高程上铺摆的一层钢筋网定位），端部插入地基，顶部通过预设出露的钢环与联结筋扎结，然后在陀螺体下的空间由碎石填实，再在顶部浇筑混凝土板联结，形成一个完整的基础。必要时，陀螺层还可以设置上下两层。它同样可以充分利用地基的承载力，使地基应力均匀化，并减小侧向位移，且可以工业化生产，施工方便。

夯坑基础是在地基表面用一定形状的夯锤由高处下落，夯出一个一定尺寸的楔体形状夯坑，然后在其中浇筑钢筋混凝土，最后将几个夯坑用一个顶板联结起来形成的基础。它具有类似前述几类新型基础的作用，但夯击过程可以使基础下的土更加密实。这种类型基础一个共同的优点是可以充分利用地基的承载力，收到均匀基底压力、减小侧向位移的效果。

2. 深基础形式

对于深基础，视其具体条件可以考虑采用桩基础（灌注桩基础、预制桩基础）、沉井基础、沉箱基础、管柱基础、地下连续墙基础或扩底墩基础。

（1）桩基础

桩基础是将一系列由木、钢、混凝土、钢筋混凝土或其他材料做成的桩体用一定方法设置于土体中（预制打入法、预制静压法和挖坑灌注法或钻孔灌注法，分别称之为预制桩和灌注桩），并将其在上部通过桩台连成整体，以便将上部结构的荷载通过桩的端承力和桩周的摩阻力传递到深处较坚硬的土中或周围地基土中的一种深基础类型。因它不需要开挖基坑或排水（但需要专门的制桩的设备），而且在必要时还可灌注成底部的扩大头或沿桩的多层承盘形，以增大桩的承载能力，故在一般的基础工程中广泛使用。但对水工建筑的大坝来讲，一则因为桩的存在使上部的覆盖层受荷较小，容易遭受冲刷，二则因为水工建筑物尺寸很大，一般尺寸的桩效果不大，故应用很少。它仅在水闸、渡槽等尺寸较小的基础有所采用。

灌注桩基础是先在地基中成孔（机械成孔或人工挖孔），然后将骨架钢筋笼安置孔中，再灌注混凝土而形成的桩体，并将其上部通过桩台连成一个整体，以便将上部结构的荷载通过桩底的端承力和桩周的摩阻力传到深处较坚硬的土体或岩体中或周围地基土岩中的一种深基础类型。

预制桩基础是将一种钢筋混凝土的方桩（边宽200~400mm）或管桩（壁厚90~140mm，外径0.3~1.2m，每节长3m、6m、9m和12m不等），在建设场地用振动打桩机或静力压桩机置入地层中，到达设计要求的持力层，形成建（构）筑物的深基础。它不仅适合于陆地上的多种土质条件，而且适合于水域内建造基础，可用于地基下的倾斜岩层（如石灰岩场地），故受到工程界的广泛应用。

（2）管柱基础

管柱基础是将一种钢筋混凝土的薄壁结构（壁厚10~14cm，外径1.5~2.0m，每节长3m、6m、9m和12m不等），即管柱，在建造基础的地方用振动打桩机和水力冲注法使其穿过覆盖层，下沉到岩盘上面，再在管柱内用大型钻机钻进岩盘，打一个与管柱内径大致相同的孔（深2~7m），经过清洗，安放入预制的钢筋骨架，用水下灌注混凝土法将孔和管柱填满，形成一系列嵌入岩盘的钢筋混凝土柱；再在周围打入一圈钢板桩，形成堰，用吸泥机挖除围堰中的泥土，水下浇注混凝土封底，抽走堰内的水，灌筑管柱承台，使管柱、封底混凝土及承台连成一个整体，形成建筑物的深基础。它适合于任何水深和土质条件，适合于水域内建造基础，可用于地基下的岩层为倾斜的情况，可以在全年任何季节施工。因此，它第一次在武汉长江大桥基础上采用，就受到了工程界的广泛重视。

（3）沉井基础

沉井基础是将一系列由钢筋混凝土或其他材料预制而成的单孔、多孔或多排孔（中间有内隔墙）的井筒（最下一节下端设有刃脚）放于建造基础的地点，采用由筒内不断将土挖出，并借井筒本身重量克服其外侧摩擦力的方法，令其逐渐下沉，逐渐接长，直至井筒沉至预定的基底标高；然后，将沉井封底（空间可利用）或填塞，最后形成的一种深基础。

它适用于覆盖层比较松软易挖，无大石块、旧基础、树根等坚硬物体阻碍井筒在自重下下沉的情况。它可以视需要做成圆形、方形、矩形、椭圆形或其他复杂的断面形状和柱形、阶形或锥形的立面形式，有较大的灵活性。

（4）沉箱基础

沉箱基础系将一个由钢筋混凝土做成有盖（顶盖上留孔）无底的"箱子"（称为沉箱）放于建造基础的地点，使箱顶上的孔与升降筒连接，并在其上安装气闸和其他机械设备，以便一方面给箱内压入压缩空气，迫使箱中的水排出，为工人在箱内的工作创造一个无水的环境，另一方面，从箱内送出挖出的泥土，使箱体凭借自重及箱顶上逐渐砌成的砌体重量而下沉至预定的基础标高，然后填塞箱室，最后形成的一种深基础。它的使用范围不受基土中有无坚硬物体影响的限制，但工人得在气压下工作，下沉深度不得超过水下35m，且要求有严格的操作规程。

（5）地下连续墙基础

地下连续墙基础是采用一种特殊的挖槽机械，在地基土体中挖出一段狭长的深槽，槽内灌注泥浆，并依靠泥浆护壁，保持槽段土体的稳定；然后，在槽内的两端放入接头管，再吊入钢筋笼，用2~3根导管浇筑混凝土；当混凝土由槽底逐步向上漫起，并填满槽段时，泥浆随之被混凝土置换出来。如此，即可在稳定的土壁中筑起一个一个的钢筋混凝土墙段。最后，拔出接头管，通过对接头管处的浇注，可以将各个墙段连接起来，形成一道连续墙作为基础墙。它的特点是工期短，墙体刚度大，适用于多种地质情况，但必须处理好槽壁坍塌问题及弃土废浆处理问题。如果预先在建筑地点拟采用地下连续墙，常可在它的维护下，一边由上向下地建造基础，一边还可在已施工的顶板上面恢复正常的交通，称为逆作法，它是在城市进行建筑时常用的方法。

（6）扩底墩基础

扩底墩基础是一种用机械或人工开挖，底部扩大，现场浇筑钢筋混凝土的深基础。墩身直径一般不小于800mm。目前，扩底墩基础的最大扩底直径可达8m，最大深度达50~60m。这种基础的承载力可超过数兆牛和数十兆牛，可以做到一柱一墩，墩顶嵌入承台（10cm以上），墩底一般是锅形，适用于高层、超高层建筑或大跨度柱网工程。它便于穿过浅部的不良地基，适用于杂填土、湿陷性土、膨胀性土地区。但对于在一定深度内缺少稳定、承载力较高地层的地区，地下水水位高、水量大，造成施工时处理困难的地区不宜采用。因这种基础的承载力高，施工方法和施工质量具有举足轻重的影响，必须确保每个墩基都要安全可靠。

（三）改变基础的底面形状和尺寸

对于地基中受压层深度很小，基础埋置深度不大，基础尺寸较小，加深基础又受到某种阻碍的情况，适当增大基础基底的平面尺寸，可以对减少地基变形和提高稳定性有所帮助，对抗倾覆稳定性有特别显著的效果。在水域中加宽基础，亦可采用石垫层和砂垫层处理。为了对不均匀沉降起平衡作用，可增大基础的立面尺寸（厚度），以提高基础的刚度。但对水闸基础，因其底板的顶面高程决定于水利、水力计算，增厚底板不仅会加大工程量，而且在下卧软土层较浅时还会因底板重量的加大而增大沉降量，应予以注意。如果基础上荷载的偏心较大，或地基土层厚度差别明显，则基础底面的形状应尽量使作用荷载通过基底的形心，以改善基底压力的分布，减小不均匀沉降。如果基础的平面形状不规则或面积过大，则应根据上部荷载的不同分布和结构的构造特点，用沉降缝将基础划分为数块，防止大面积或复杂形状的基础因不均匀沉降发生扭裂和折断。为了增大基础的抗滑稳定性，将基础的立面形状做成反坡或齿槛形式，都具有良好的效果。必要时也可铺以锚板、支撑板或以其他方式（如做成凸部和槽部等），来增大抗滑稳定性。

三、上部结构措施

对上部结构做适当调整和改变，也常是寻求最优方案的一个出路。因为不同类型的上部结构对不均匀沉降的敏感程度不同。绝对刚性的建筑物在任何条件下不发生弯曲或相对内部的移动，它自己能调整地基的变形，在地基中引起压力的重分布，产生比较均匀的沉降；半刚性建筑物由在纵横方向上彼此联系的构件组成，它往往在两个方向只有一定刚度，或只在一个方向上有足够的刚度，只能部分地适应地基变形。不均匀的沉降会使这类建筑物发生弯曲，或在构件内产生附加应力，造成不同的事故，对不均匀沉降最敏感；柔性建筑物的各构件之间的联结较弱，甚至是链接，如独立支柱与简支梁、三铰拱等所组成的建筑物，它能随地基的变形而变形，不在构件中产生任何的附加应力。因此，在不妨碍结构正常使用要求的前提下，可以采用改变建筑物的平面布置，改变建筑物的重量和改变建筑物的刚度等方面的措施，以增强地基系统的整体稳定性。

（一）改变建筑物的平面布置

在布置建筑物时，将建筑物在平面上做适当的移动往往是可能的。而这种移动往往会改变建筑物的稳定性，或者减小很多在技术上和施工上的困难。此外，有的时候，如果将建筑物的各部分在不妨碍其正常使用的前提下，进行合理的布置（考虑地基情况），会使荷载分布比较均匀或对称，从而减小不均匀沉降。如将对不均匀沉降敏感程度截然不同或荷载相差较大的建筑物分割开来，不连在一起，会大大消除事故的可能性。在布置相邻建筑物时，应该尽可能减小它对已有建筑物的不利影响。在黄土地区建造时，建筑物应布置在积水容易排泄的地段上，并与上下水道保持一定的距离。

（二）改变建筑物的重量

在有些情况下，可减小建筑物的重量以降低作用荷载。此时，可以采用较轻的材料（如木材等），或采用适当的结构形式（如空心结构）；在另一些情况下，特别在有水平力作用时，往往要求增大建筑物的重量以增大抗滑力，保证其抗滑稳定性。为了达到这种要求，对水工建筑物，除了采用实体结构或加大尺寸外，还可以采用减小反压水头（如增长渗径、土层排水）的方法或其他方法。如在某一高坝的上游底部铺设了柔性的钢筋混凝土或沥青混凝土板，使其和建筑物相连接（称为锚定护坦），在此板下设置水平排水设备（几层砂积砾石层），通过廊道与下游连通，则板下的反压水头等于下游水位的高程，在板上即受到相当于上游水位的压力。板上下所产生的这种压力差会将板紧压于地基上，从而增大了建筑物的抗滑稳定性。但是必须指出，增大建筑物的重量，除使造价增大外，有时还受地基稳定性的限制，因此应该联系起来考虑。

（三）改变建筑物的刚度

如前所述，刚性建筑物和柔性建筑物对不均匀沉降的敏感性都比较差。前者可以对不均匀沉降起平衡和重分布作用，后者又可以适应不均匀沉降而无附加应力的产生。因此，可以从增大建筑物的刚性或柔性方面来减小或消除不均匀沉降对建筑物的影响。增大建筑物刚性的方法在工业与民用建筑方面广泛使用了圈梁、刚性横墙、刚性楼板等。在淤泥地基、黄土地基、填土地基（包括杂填土和人工填土，前者指大量垃圾、建筑废料、炉渣和矿渣等生产废料填积在凹地、废河道及其他地方而成的填土，后者则指为了使建筑场地获得一定标高而在建筑以前用人工或机械运土夯填而成的填土）及其他高压缩性地基上建造时得到了良好的效果。至于增大建筑物柔性使其能比较适应地基的不均匀沉陷，通常采用沉降缝将建筑物分割成几个自成整体的独立单元，或将建筑物上部结构做成静定体系。沉降缝应该有一定的宽度，以免因闭合而失去作用。

（四）采用某些专门措施

除了上述结构措施以外，建筑实践还创造利用了一些其他行之有效的附加设施，如在软土地基上基础的周围打入板桩墙以增大工作土体，限制基土侧流；在有冲刷可能的表面建造铺盖及其他护面以防止因淘刷和减小侧荷载而降低基础的稳定性；在挡土墙及填土中设置排水设备以减小水压力，防止填土湿润后的可能变弱；在坝内设排水滤层以降低浸润线位置，增大坝坡的稳定性；在地基的沉降过程很慢，但需要迅速安装各种机械的情况下，加设沉降调整器；合理选择坝料和挡土墙后的填土料等。

四、施工措施

通过在施工质量、施工进度、施工顺序、施工方法等方面的措施，往往也可以对保证建筑物的稳定性起到重要的作用。

（一）保证施工质量

在基坑开挖时应防止基坑的坍塌或出现流沙，以免影响到施工和相邻建筑物的稳定性；基坑表面应防止因为浸水、抽水、风化、干冻、机械扰动而使土的强度降低，保证基坑内土的完整性；地基的处理、基础的砌造和浇筑、上部结构的修造等都必须严格地控制标准，否则往往会造成隐患或长期不治的病害。

（二）控制施工的进度与顺序

在工期许可的范围内，可以采用分期施工，每期完成后做一适当的间歇，使地基土在相应荷载下进行固结。这样，一方面可以减小建筑物建成后的沉降量；另一方面，又可逐渐增大地基的强度稳定性，不致因荷载增大过速而发生基土的侧挤。这种方法在软弱地基上施工时常被采用。在黄土地基上修筑高度不大（小于 15m）的土坝时，如地基的预期湿陷量不超过 40cm，则可在未预湿的地基上采用边加高边提高上游水位的方法逐渐修造；如坝高较大（大于 30m），地基湿陷性黄土较厚（超过 20m），可以在预湿过的地基上分 2~3 期建造，在每期建成后，提高上游水位；在用水力冲填法和水中倒土法筑坝时，为了防止冲填土坝的干裂及使水中倒土的土坝完成固结，需要在倒数第二层修好后，在顶上形成一个水池，保持不小于 30~40cm 的水深，直到水库充水以后，再放走池水，用碾压法填筑至设计标高。如果建筑物的中央部分较重，旁侧部分较轻，则可将较重部分先作施工，以减少建筑物的沉陷差；有些要求永远处于一定高程上的构件，应尽可能在建筑物施工的最后时期或临使用前放置；对整体的重型建筑物，如坝、闸、水电站等，将混凝土用浇筑接缝分块或分期施工有着重大的意义

（三）采用特殊的施工技术

为了便于在流沙地区进行施工，可以采用人工冻结法和人工降低地下水位法，在很多情况下，需要采用水下浇筑混凝土法等。

人工冻结法是采用人工制冷技术使地层中的水冻结成冰，将天然岩土体变为冻土，以增加其强度和稳定性或隔绝地下水的方法。它具有对复杂地质条件的适应性、施工方法的灵活性、冻结加固体的多样性以及冻结体的均匀完整性，且对环境无污染，可称为是一种"绿"色的施工方法，因而受到了世界各国的重视和应用。

在结束本节时，应该特别指出，在有些特定的情况下，地基系统方案的选择往往会

受到某一特定要求条件的制约，如限定完工时间，限定施工条件，限定结构形式，或提前完工会因及早营业而能在经济上得到更好的补偿等，此时，方案的选择就需服从这些特定的条件，必要时不得不舍去一些理论上更加合理，或造价上更加经济的方案。

五、地基及基础方案选择举例

如前所述，地基及基础方案的选择，应该将地基、基础和上部结构综合地分析考虑，根据拟建结构的要求，地基的土层分布和土质特性，以及施工设备能力和工期要求等实际情况，达到技术上和经济上的合理性。下面举例说明有关这方面的问题。

（一）某房屋内柱的基础

某房屋内柱基础下的地基土自地表到无限深度处均属良好地层，地下水位处于距地表不远的地方，基础要求迅速完成，则根据基土情况，任意基础砌置深度都可以保证地基的稳定性，此时应该将基础砌置在许可的最小深度上。这个深度的确定，应该考虑到冻结深度、冲刷及建筑物深入地下的要求，但在本例情况下，这些方面均无特殊要求，因此可以根据基础材料及施工条件提出以下两个方案：块石砌体基础方案和钢筋混凝土基础方案。按第一方案，基础的大部分位于地下水面以下数米。因此，在建造的时候，必须进行基坑排水和坑壁围护。按第二个方案，基础用钢筋混凝土做成，则整个基础均位于地下水位以上。显然，此时建造基础要比前一方案简单得多，工程可以在较短的期限内完成。故第二个方案虽要用钢筋混凝土材料，但仍然是比较合理的。

（二）某楼房的基础

某楼房下的地基土自表面依次为黏土层、湿软土层和较好黏土层。湿软土层具有相当高的压缩性，基础要求能够迅速完成。对这种情况提出了两个比较方案：第一方案为沉井基础，用它穿过不均匀压缩的软土；第二方案为钢筋混凝土条形基础，由于不均匀沉降较大，基础和墙都用刚性箍来加强。方案比较结果表明，两个方案的造价相同，但按施工期限来说，钢筋混凝土条形基础方案较有利，沉井基础方案要多用六个月的时间。沉陷量的比较表明，第一个方案可以更有利地保证建筑物的存在，且沉陷不大而均匀，第二方案的预期沉陷较大而且不均匀，故从将来使用来看，沉井基础无任何歪斜可能，即将来无须修补工程。由此来看，沉井方案的优点较多，但由于建筑需要限期完成，而刻下尚无下沉沉井的设备，购买这些设备并将其运到工地又需要六个月时间，故最后还决定采用条形基础方案。

第四章　岩土工程材料

第一节　岩土工程材料简介

岩土工程材料在岩土工程中的重要性是不言而喻的。如果没有各种各样的岩土工程材料，建筑设计师们的设想不可能变成现实。岩土工程材料是建（构）筑物的重要物质基础，在任何一项建（构）筑物中，岩土工程材料的投资都占有非常大的比重。岩土工程材料的品种、性能和质量将直接影响着建（构）筑物的功能、适用性、耐久性、经济性和环保性，并在一定程度上影响着岩土工程材料的使用方式和建（构）筑物的施工方法。岩土工程中许多技术突破，往往依赖于岩土工程材料性能的改进和提高，典型的例子如北京奥运会场馆之一的"水立方"膜结构材料 ETFE（乙烯 - 四氟乙烯共聚物）、世界第一高度建筑物——迪拜塔建设中使用的超高泵程高强混凝土、上海世博会场馆之——意大利馆使用的透光混凝土，以及最近比较热门的 3D 打印建筑用材料等。

岩土工程材料包括石材、金属材料、木材、石灰、石膏、水泥、混凝土、沥青材料、合成高分子材料、烧结及熔融制品、砌块和复合板材等。除了这些传统材料外，新型建筑材料也正在被研究、改进和逐步应用，如新型胶凝材料、纳米改性材料、超高性能结构材料、新型功能性建筑材料等。按照来源，岩土工程材料分为天然岩土工程材料和人造岩土工程材料。按照主要用途，岩土工程材料分为岩土工程结构材料和岩土工程功能材料。岩土工程结构材料主要有石材、钢材、木材、水泥、混凝土。

新技术、新工艺的应用带来了岩土工程材料的性能提升和功能多元化。如自密实混凝土、高强混凝土和超高强混凝土、活性粉末混凝土、透光混凝土、空气净化混凝土、导电混凝土、3D 打印混凝土等就是在这种背景下应运而生的。

在大力提倡可持续发展社会和绿色生态建筑的今天，新型绿色环保岩土工程材料和生态岩土工程材料也正被广泛开发生产，且逐渐地被应用于实际岩土工程中。如秸秆压制板材、稻壳保温砂浆、脱硫石膏复合胶凝材料、淤泥烧制陶粒及砌块、再生集料水泥混凝土、大掺量掺合料水泥混凝土和再生沥青混凝土等，这些岩土工程材料具有节省资源、节约能源、减少排放和保护环境等优点。

第二节 木 材

木材是最早用于岩土工程的材料之一。木材来源于植物。乔木和灌木的祖先是羊齿科植物。这种植物的生长史可追溯到泥盆纪。约在二亿五千万年前的二叠纪，这种原始羊齿科植物发展为针叶树。然后，到了一亿年前的白垩纪才形成阔叶林。而今，我们的地球上有 2400 亿 m² 的有用森林（全部森林面积为 3800 亿 m²），可供利用的木材约有 3000 亿 m³。其中每年约采伐 30 亿 m³。

古代，人类一开始使用树木是利用它和石头绑在一起制作成工具。而后，随着学会用火，木材成为人类最重要的能源。在距今 4000 ～ 10000 年前的新石器时代，人类学会了加工木材，然后修筑简单的住所，成为最早的木结构建筑。

从此，木材成为一种永恒的最古老的建材，使建筑具有一种特别的亲和力，消除建筑本身作为外来物的冰冷感觉。木结构建筑中最多的当属木结构房屋，古代多为宫殿和庙宇。其中，我国现存时代最早、规模最大的木结构古建筑——五台山佛光寺大殿堪称木结构建筑之经典。

如今，作为可再生资源的木材，在岩土工程中仍然占据着相当重要的地位。欧美和日本等东南亚国家的居所 50% 以上都采用木结构，而木材在建筑物室内的装饰和家具中的应用地位就更是不言而喻了。

一、木材的特征

木材的优点如下：轻质高强；有较高的弹性和韧性；易加工；承受冲击和振动作用好；导热系数低；保温隔热；具有较好的耐久性；纹理美观，色调温和，风格典雅，装饰效果好；绝缘性能强；无毒性。

但木材也有许多缺点：构造不均匀，呈各向异性；自然缺陷多，影响了材质和使用率；湿胀干缩，使用不当容易产生干裂和翘曲；存放和使用过程中维护不当，则易腐朽、霉烂和虫蛀；耐火性差，易燃烧。

树木的种类很多，常分为针叶树和阔叶树两类。

针叶树，又名软木材，树干直而高大，材质轻软，易于加工，表观密度和胀缩变形小，有一定强度，是常用的主要承重结构木材，如红松、落叶松、云杉、冷杉及杉木等。阔叶树，又名硬木材，大多数树种的材质强度较高，表观密度较大，材质坚硬，加工较难，且胀缩、翘曲、裂缝等较针叶树明显，如椴木、杨木、桦木等。

各种类型的成年树木都是很好的结构木料。树木由树皮、髓心和木质部三部分组成。

木质部是岩土工程材料使用的主要部分，其中靠近髓心部分颜色较深，称为心材；靠近树皮部分颜色较浅，称为边材。一般情况下，心材的利用价值比边材高。

从横切面上可以看到深浅相间的同心圆即所谓年轮。在同一生长年中，春天细胞分裂速度快，细胞腔大壁薄，所以构成的木质较疏松，颜色较浅，称为早材或春材；夏秋两季细胞分裂速度慢，细胞腔小壁厚，构成的木质较致密，颜色较深，称为晚材或夏材。

木材的主要物理和力学性质是含水率、湿胀干缩、表观密度和强度。工程上木材常用的强度有抗拉强度、抗压强度、抗弯强度和抗剪强度。由于木材是一种非均质材料，具有各向异性，使木材的强度有很强的方向性。木材的强度有顺纹强度和横纹强度之分。木材的顺纹强度比横纹强度要大得多，在工程上应充分利用木材的顺纹强度。理论上，木材强度以顺纹抗拉强度为最大，其次是抗弯强度和顺纹抗压强度。

影响木材强度的主要因素有含水率、密度、颗粒结构、温度和木材缺陷。其中木材的密度是影响木材强度的最主要因素。一般来说，木材的密度越大，强度越高；木材的密度越小，强度越低。对于软木材来说，树木的生长速度对木材的强度有着非常重要的意义。一般来说，树木都有一个最佳的生长速度。如果树木的生长速度超过或不及这个最佳的生长速度都会对木材的强度有影响。

木材的含水率对木材强度影响很大。木材的含水率是木材中水分质量占干燥木材质量的百分比。木材中的水分按其与木材结合形式和存在的位置，可分为自由水、吸附水和化学结合水。当木材中无自由水，而细胞壁内吸附水达到饱和时，木材含水率称为纤维饱和点。当细胞壁中水分增多时，木纤维相互间的联合力减弱，使细胞壁软化。因此，当木材含水率小于纤维饱和点时，随含水率的增加，强度将下降，尤其是木材的抗弯强度和顺纹的抗压强度；当木材含水率超过纤维饱和点时，含水率的变化不影响木材的强度。

此外，温度对木材强度也有很大的影响。当温度升高时，木材的强度也会降低。一般来说，木材的使用温度以50℃以下的正温为宜。

根据木材的缺陷情况，木材通常分为一、二、三、四等。结构和装饰用木材一般选用等级较高的木材。按照承重结构的受力要求对木材进行分级，分为Ⅰ、Ⅱ、Ⅲ三级。一般Ⅰ级木材用于受拉或受弯构件；Ⅱ级木材用于受弯或受压构件；Ⅲ级木材用于受压构件及次要受弯构件。

二、木材的缺陷和木材的防护

木材的缺陷包括木节、腐朽、斜纹、裂纹、髓心及虫蛀等。这些缺陷都会影响木材的强度。如木节使顺纹抗拉强度明显降低，而顺纹抗剪强度有所提高；斜纹使木材的抗弯强度和抗拉强度都有所下降。这些木材缺陷都会在一定程度上影响木材的强度、耐久性和视觉效果。

木材作为岩土工程材料最大的缺陷是容易腐蚀、虫蛀和燃烧，这些破坏大大降低了木材的强度和耐久性。所以，采取适当的措施来提高木材的耐久性是非常重要的。

木材的腐朽是由真菌在木材中寄生而引起的。侵蚀木材的真菌有三种，即霉菌、变色菌和腐朽菌。霉菌一般只寄生在木材表面，并不破坏细胞壁，对木材强度几乎无影响。变色菌多寄生于边材，对木材力学性质影响不大。但变色菌侵入木材较深，难以除去，损害木材的外观质量。

腐朽菌的生存和繁殖，除了靠木材提供养料外，还必须同时具备以下三个条件：适宜的水分、空气和温度。当木材的含水率在 35% ~ 50%，温度在 25℃ ~ 30℃，木材中又存在一定量的空气，最适宜腐朽菌的繁殖。如果缺少其中任何一个条件的话，腐朽菌则不能破坏木材。

木材的防腐主要采用两种形式，一种是破坏腐朽菌生存繁殖的条件，如对于使用在干燥条件下的木材，应预先进行干燥处理，并在木结构中采取通风、防潮等措施。另一种是把木材变成有毒物质，使其不适于作真菌的养料，如用化学防腐剂对木材进行处理。常用的防腐剂主要有水溶性防腐剂、油质防腐剂和膏状防腐剂三类。

水溶性防腐剂主要有氯化锌、氟化钠、氟硅酸钠、硼铬合剂等；油质防腐剂有煤焦油、蒽油、林丹五氯酸合剂等。

木材的防火主要有表面涂敷法和溶液浸渍法两种。

三、木材的应用

木材被广泛应用于临时建筑和永久性建筑中。虽然我国森林资源匮乏，目前木材已经成为严重缺乏的岩土工程材料，但木材是绿色环保的可再生资源，只要在岩土工程中合理使用木材，节约资源，保证资源可持续生长和利用，木材必将发挥出更大作用。

我国木材供应的主要形式有原条、原木和板枋三种。原条是指去除皮、根、树梢，但尚未加工成规定尺寸的木材。岩土工程中常用原条搭建脚手架等。原木是指去除皮、根、树梢的木材，并按一定尺寸加工成规定直径和长度的木材。岩土工程中可直接使用原木制作屋架等。板枋是指原木经锯解加工而成的木料。宽度不足厚度三倍的木料，称为枋材。

人造板是以木材、木质纤维、碎木料或其他植物纤维为原料，加入胶粘剂和其他添加剂制成的板材。人造板主要有型压板、层压板和夹心板三种。型压板是用胶粘剂将纤维、刨花、锯末等松散材料黏合成型的板材，如纤维板、木屑板、刨花板等；层压板是用胶粘剂将薄板材料黏结压合而成的板材，如胶合板；夹心板是用碎木板或其他材料作面层胶合而成的板材，如胶合夹心板等。常用的有纤维板、胶合板和胶合夹心板。主要用于装饰装修、门窗和家具。

此外，木材还可以深加工成塑合木、铝合木、重组木、压缩木和层积木等新型木材产品用于岩土工程。

第三节　金属材料

一、概述

金属材料包括黑色金属和有色金属两大类。黑色金属是以铁元素为主要成分的金属及其合金，如铁、钢、合金钢。有色金属是以其他金属元素为主要成分的金属及其合金，如铜、铝、铅等金属及其合金。

金属材料在岩土工程中应用广泛。岩土工程中使用的钢材主要有各种型钢、钢板、钢管钢丝束、钢缆和各种钢筋、钢丝、钢绞线。钢材具有较高的抗拉、抗压、抗冲击强度和较好的耐疲劳特性，可以通过焊接、铆接、螺栓连接、切割和热加工等手段制成制品和钢结构。随着建筑业和钢铁工业的快速发展，钢铁已成为高层建筑和大跨度结构中重要的岩土工程材料之一。

在岩土工程中，使用最多的金属材料是钢材。钢材品质均匀、强度高，具有一定的弹性和塑性变形能力，能够承受冲击、振动等荷载；钢材的可加工性能好，可以进行各种机械加工，也可通过铸造的方法，将钢铸造成各种形状；还可以通过切割、铆接、螺栓连接或焊接等多种方式的连接，进行装配法施工。钢材的缺点是容易腐蚀，维修费用高，而且能耗大、成本高、耐火性差。

二、金属材料在岩土工程中的应用

许多黑色金属和有色金属及其合金在岩土工程中有着广泛的应用，其中铁合金因为价格低廉而被大批量地应用于岩土工程中。

1. 岩土工程结构用钢

岩土工程结构使用的钢主要有碳素结构钢、低合金高强度结构钢和优质碳素结构钢。

（1）碳素结构钢又称普通碳素结构钢，适用于一般结构和工程。碳素结构钢采用氧气转炉、平炉或电炉冶炼，且一般以热轧状态交货。

（2）低合金高强度结构钢，冶炼时在钢材中加入规定数量的合金元素，用以提高钢材的使用性能。常用的合金元素有硅、钒、钛、锰、铬、镍和铜等。大多数合金元素不仅可以提高钢材的强度和硬度，还可以提高钢材的塑性和韧性。低合金高强度结构钢是由氧气转炉、平炉或电炉冶炼，为镇静钢和特殊镇静钢。

（3）优质碳素结构钢，冶炼时对有害杂质含量严格控制，其中 S < 0.035%，P < 0.035%，其性能优于碳素结构钢。

2. 岩土工程结构用钢

（1）常用的热轧型钢主要有角钢、工字钢、槽钢、H 型钢、吊车轨道、金属门窗、钢板桩型钢等。

（2）常用的冷弯型钢用厚度为 1.5 ~ 25mm 的钢板或钢带经冷轧或模压而成，厚度为 1.5 ~ 6mm 的冷弯型钢也称为冷弯薄壁型钢。冷弯型钢属于高经济截面，由于壁薄、刚度好，能有效地发挥材料的作用，节约钢材。

（3）钢板按轧制方式可分为热轧钢板和冷轧钢板，其种类按照厚度的不同可分为薄板、厚板、特厚板和扁钢。

（4）建筑用钢管有热轧无缝钢管和焊接钢管两种。无缝钢管以优质碳素结构钢或低合金高强度结构钢为原材料，采用热轧或冷拔无缝方法制造。焊接钢管由钢板卷焊而成。

（5）热轧光面钢筋采用碳素结构钢轧制而成。热轧带肋钢筋为表面具有规则间隔带肋的钢筋，分为纵肋和横肋两种。纵肋与钢筋纵向一致，横肋是与纵肋不平行的肋，其断面为月牙肋。

（6）冷轧带肋钢筋和钢丝是采用碳素结构钢、优质碳素结构钢或低合金高强度结构钢热轧盘条经冷轧后，在钢筋表面分布有三面或两面横肋的钢筋与钢丝。冷轧带肋钢筋具有强度高、塑性好、与混凝土的握裹力高、综合性能优良等优点。

（7）预应力混凝土用钢丝为高强度钢丝，是用优质碳素结构钢经冷拔或再经回火等工艺处理制成。其强度高，柔韧性好，适用于大跨度屋架、吊车梁、桥梁箱梁等大型构件等。使用钢丝可节省钢材，施工方便，安全可靠，但成本较高。

（8）其他，如钢丝束索、钢绞线索、钢丝绳索等，适用于大跨度空间结构体系。

3. 专门结构用钢

（1）桥梁结构钢，冶炼时要求气体杂质含量少，晶粒细化，脱氧完全。桥梁结构钢都采用平炉或氧气转炉镇静钢。

（2）钢轨钢，要求具有较高的强度、抗剥离能力、较高的耐磨性、冲击韧性和疲劳强度。一般应选用含碳量较高的平炉或氧气转炉镇静钢进行轧制。

三、钢材的防腐

钢材的防腐一般采取以下三种措施。

1. 涂敷保护层

在钢材的表面涂敷一层保护层，以隔离空气或其他介质，常用的保护层有搪瓷、涂料、耐腐蚀金属、塑料等，或经化学处理使钢材表面形成氧化膜或磷酸盐膜。

2. 电化学防腐

对于不易涂敷保护层的钢结构，如地下管道、港口结构等，可采取阳极保护或阴极保护的措施来防止金属材料的腐蚀。

阳极保护又称外加电流保护法，是在钢结构的附近埋设一些废钢铁，外加直流电源，将阴极接在被保护的钢结构上，阳极接在废钢铁上。通电后废钢铁成为阳极而被腐蚀，钢结构成为阴极而受到保护。

阴极保护是在被保护的钢结构上连接一块比钢更为活泼的金属，如锌、镁等，使钢结构成为阴极而受到保护。

3. 制成合金钢

在钢中加入铬、镍等合金元素后，可制成不锈钢。但是该措施成本较高，仅用于特殊工程。

第四节　水　泥

一、概述

水泥的发明是岩土工程材料历史上的一个重要里程碑，到今天，世界上每年生产使用超过 35 亿 t 水泥，中国的水泥年产量占世界总产量的一半以上。

水泥是最常用的岩土工程材料之一。水泥加水拌合后成浆体，能在空气中硬化或者在水中更好地硬化，并能把砂、石等材料牢固地胶结在一起。水泥是重要的岩土工程材料，用水泥制成的砂浆或混凝土，坚固耐久，广泛应用于土木建筑、水利、电力、道路、桥梁、隧道、矿山、国防等工程。

水泥按其组成可分为两大类，常用水泥和特种水泥。常用水泥是用于一般岩土工程的水泥，如硅酸盐水泥、普通硅酸盐水泥、矿渣硅酸盐水泥等。它们均是以硅酸盐水泥熟料为主要组分的一类水泥。特种水泥泛指水泥熟料为非硅酸盐类的水泥，如高铝水泥、硫铝酸盐水泥等。

二、水泥的基本组成

水泥是由水泥熟料、混合材（有时不加）和石膏按一定比例混合磨细而成。在粉磨水泥时，为改善水泥的易磨性和降低粉磨能耗，通常还掺加少量的助磨剂。

硅酸盐水泥的主要熟料矿物为：硅酸三钙（$3CaO \cdot SiO_2$），含量 $37\% \sim 60\%$；硅酸二钙（$2CaO \cdot SiO_2$），含量 $15\% \sim 37\%$；铝酸三钙（$3CaO \cdot Al2O_3$），含量 $7\% \sim 15\%$；铁铝酸四钙（$4CaO \cdot Al2O_3 \cdot Fe2O_3$），含量 $10\% \sim 18\%$。此外，水泥中还含有少量游离氧化钙、游离氧化镁和碱等。

水泥中的石膏起调整（通常指延缓）水泥凝结时间的作用，保证水泥加水后能够较长时间保持塑性，以完成浇筑和振捣密实工序。通常使用天然二水石膏和天然硬石膏，当前也有水泥厂利用工业副产石膏作水泥调凝剂的。

水泥混合材主要有活性混合材和非活性混合材两大类。活性混合材指的是混合材磨细后与石灰或石膏拌和，加水后既能在空气中也能在水中硬化的混合材，如粒化高炉矿渣、火山灰质混合材、粉煤灰、煤矸石、偏高岭土等。非活性混合材是为了提高水泥产量，降低水泥强度等级，减小水化热而掺入的没有活性的混合材，如磨细的石英砂、石灰石、慢冷矿渣、窑灰等。

三、水泥的水化硬化

水泥用适量的水拌和后，最初形成具有可塑性的浆体，随着时间的推移，失去可塑性（但尚无强度），这一过程称为初凝。随着水化反应的继续进行，终至浆体完全失去可塑性并开始具有一定强度时称为终凝。由初凝到终凝的过程称为水泥的凝结。此后，水泥浆体产生明显的强度并逐渐发展而成为坚硬的石状物水泥石，这一过程称为水泥的"硬化"。值得注意的是，水泥石的凝结和硬化是人为划分的，实际上是一个连续、复杂的物理化学过程，这些变化决定了水泥石的某些性质，对水泥的应用有着重要意义。

四、水泥的应用

硅酸盐系列水泥是常用水泥，是岩土工程中应用最为广泛的水泥，产量占整个水泥工业总产量的95%以上。硅酸盐系列水泥具有凝结硬化速率适中、强度发展稳定、后期强度仍有部分增长、耐久性理想等特点，因而硅酸盐系列水泥广泛应用于水泥混凝土的制备以及建筑、桥梁、道路、铁路、机场、大坝、核电和海工等工程建设。硅酸盐系列水泥也广泛应用于砌筑、抹灰、地面、黏结和修补等工程各种砂浆产品的制备。通过原材料组分的控制和烧成、粉磨工艺的控制，可将通常呈灰色的硅酸盐系列水泥制备成白色硅酸盐水泥。白色硅酸盐水泥可广泛应用于各种装饰工程，如用于制备白色的装饰混凝土、白色的装饰砂浆和各种白色水泥制品等。在白色硅酸盐水泥中配制不同的颜料可以制备色彩绚丽的彩色砂浆和彩色混凝土，丰富岩土工程的美观效果。

其他系列水泥泛指水泥熟料为非硅酸盐类的水泥，如铝酸盐水泥（也称高铝水泥）、硫铝酸盐水泥和铁铝酸盐水泥等。

铝酸盐水泥是以铝酸钙为主的熟料与混合材一起磨细而成的水泥。铝酸盐水泥具有水化硬化和凝结速率快、早期强度高、抗硫酸盐侵蚀性好、耐热性优良等特点。铝酸盐水泥的另一特点是具有较高的耐热性，配合耐火性粗、细骨料（如铬铁矿等）可制成使用温度达 1300℃ ~ 1400℃ 的耐热混凝土。但铝酸盐水泥长期强度有倒缩趋势，因而不推荐用于长期承重的结构，只适用于紧急军事工程（筑路和筑桥）、抢修工程（堵漏等）和临时性工程以及配制耐热混凝土等。

硫铝酸盐水泥是 20 世纪 70 年代中国建筑材料研究总院研制成功的，这也是我国水泥科学家为世界水泥行业所做的一项重大贡献。20 世纪 80 年代，我国科学家又为世界贡献了铁铝酸盐水泥的制备工艺。

硫铝酸盐水泥熟料以无水硫铝酸钙和硅酸二钙为主要矿物。将硫铝酸盐水泥熟料、二水石膏和混合材共同磨细，就得到硫铝酸盐水泥产品。硫铝酸盐水泥同样具有水化硬化和凝结速率快、早期强度高等特点。硫铝酸盐水泥后期强度不出现倒缩现象，这一点对扩大其应用范围非常有意义。硫铝酸盐水泥由于浆体液相碱度较低，常用于玻璃纤维增强混凝土（GRC）制品的生产。通过调整矿物组成、石膏掺量、混合材掺量和其他措施，可将硫铝酸盐水泥制备成快硬硫铝酸盐水泥、高强硫铝酸盐水泥、膨胀硫铝酸盐水泥、自应力硫铝酸盐水泥和低碱度硫铝酸盐水泥等品种，满足不同工程的需要。

第五节　混凝土

一、普通混凝土的特性和应用

混凝土是由胶凝材料将集料（骨料）胶结而成的固体复合材料。新拌制而未硬化的混凝土，称为混凝土拌合物。经硬化有一定硬度和强度的混凝土称作硬化混凝土。根据混凝土中所用胶凝材料的不同，混凝土分为水泥混凝土、石膏混凝土、水玻璃混凝土、树脂混凝土、沥青混凝土等。其中在岩土工程中使用最广泛的是水泥混凝土，属于水泥基复合材料。

混凝土是现代岩土工程中应用范围最广、用量极大的人造材料。其主要的优点是：

具有较高的强度和耐久性，可以通过调整其组分，使其具有不同的物理力学特征，以满足各种工程的不同要求；混凝土拌合物具有可塑性，便于浇筑成各种形状的构件或整体结构；能与钢筋牢固地结合成坚固、耐久、抗震且经济的钢筋混凝土结构；经久耐用，维修费用低。混凝土的主要缺点是：抗拉强度低，一般不用于承受拉力的结构；在温度、湿度变化的影响下容易产生裂缝。此外，混凝土原材料的品质及混凝土配合成分的波动以及混凝土的运输、浇筑、养护等施工工艺，对混凝土的质量也有很大影响。

水泥混凝土是随着硅酸盐水泥的出现而问世的，至今已有近 200 年的历史。随着科学技术的进步，混凝土的强度不断提高，性能不断完善，品种不断增加。自 20 世纪以来，混凝土已经成为岩土工程中至关重要的一种建筑材料而受到广泛的关注。它被广泛地应用于工业与民用建筑、给水排水工程、水利水电工程、交通工程以及地下工程、国防建设等。

随着科学技术的日益进步，混凝土技术也不断地发展。具有特殊功能的混凝土以及具有多种特殊性能的高性能混凝土也将逐步得到应用。此外，为保护环境资源，保持社会可持续发展，再生混凝土也正在被广泛地研究和应用。

二、普通混凝土的制备

养护条件的好坏是决定混凝土性能的一个重要环节，应该受到更多的关注。混凝土的技术性质主要有混凝土拌合物的和易性、凝结特性、硬化混凝土的强度、耐久性等。和易性是指混凝土拌合物在一定的施工条件下，便于操作并获得质量均匀、密实混凝土的性能。混凝土强度分为抗压强度、抗拉强度、抗弯（折）强度及抗剪强度等。其中以抗压强度最大，故混凝土主要承受压力。混凝土除要求具有强度外，还应具有抗渗性、抗冻性、抗冲磨性、抗侵蚀性及抗风化性等，统称为混凝土耐久性。

三、混凝土的组成与结构

混凝土主要由水泥、水、骨料三种材料组成。另外，为改善混凝土的性能，常加入一定量的混凝土外加剂（以及纤维、聚合物等）。此外，为降低成本、改善混凝土的性能还加入一些掺合料。为提高混凝土结构的承载能力，尤其是抗拉能力，常将钢筋配置在混凝土内部，形成所谓的钢筋混凝土，还可通过对钢筋的张拉在混凝土结构内部形成预压应力，成为预应力混凝土。岩土工程中主要应用钢筋混凝土和预应力钢筋混凝土。

1. 水泥

水泥是混凝土中很重要的组成部分，水泥品种的选择应根据混凝土工程的性质和所处的环境条件，并同时考虑混凝土的配制强度。若用低强度等级的水泥配制高强度等级的混凝土，不仅会使水泥用量过多，而且会对混凝土其他性能产生不利影响。反之，用高强度等级的水泥配制低强度等级的混凝土时，水泥用量会偏少，从而影响混凝土的耐久性。根据经验，对于不掺加减水剂和掺合料的混凝土，一般选择的水泥强度等级标准值为混凝土强度等级标准值的 1.5 倍以上，而对于掺加减水剂和掺合料的混凝土，水泥强度等级的选择可不受此限制。

2. 骨料

普通混凝土所用骨料按粒径大小分为两种，粒径大于 5mm 的称为粗骨料，粒径小于 5mm 的称为细骨料。

普通混凝土中所用的细骨料，一般是由天然岩石长期风化等自然条件形成的天然砂。根据来源不同，天然砂分为河砂、海砂和山砂三类。河砂是混凝土的主要用砂。机制砂是由天然岩石或河卵石破碎而成，成本较高，一般仅在缺乏天然砂的时候使用。

普通混凝土中所用的粗骨料有碎石和卵石两种。粗骨料的颗粒形状及表面特征会影响其与水泥石的黏结及混凝土拌合物的流动性。卵石表面光滑、少棱角，空隙率及表面积较小。拌制混凝土时水泥浆用量较少，和易性较好，但与水泥石的黏结力较小。碎石颗粒表面粗糙、多棱角，空隙率和表面积较大，所拌制混凝土拌和物的和易性较差，但碎石与水泥石的黏结力较大。在水灰比相同的条件下，碎石混凝土比卵石混凝土强度高。在工程中使用什么样的粗骨料，应根据实际情况来决定。

值得一提的是，由于天然骨料的逐渐匮乏，以及旧建筑物（构筑物）拆除量的增加，将废混凝土经清洗、破碎和筛分后制备出不同规格的骨料，重新应用于混凝土的配制，即所谓的再生混凝土技术，受到广泛关注。但由于再生骨料与天然骨料相比，在性能方面有较大差别，实际应用时尚需大量的试验研究工作。

3. 水

一般来说，适合饮用的水都能用于拌制混凝土，比如自来水就可以直接用于拌制混凝土。

天然矿化水中含盐量、氯离子、硫酸根离子等化学成分以及 pH 值满足规范要求时，也可用于拌制和养护混凝土。

在缺乏淡水的地区，素混凝土（不配钢筋的混凝土）允许用海水拌制，但应加强对混凝土的强度检验，以符合设计要求为原则；对有抗冻性要求的混凝土，水灰比应降低到 0.5 以下。由于海水对钢筋有锈蚀作用，故海水不能用于钢筋混凝土的配制和养护。

4. 混凝土外加剂

在拌制混凝土过程中掺入不超过水泥质量 5%（特殊情况下除外）的能按要求改善混凝土性能的物质，称为混凝土外加剂。混凝土外加剂可改善混凝土的和易性和硬化后的混凝土性能，并收到节省水泥、节约能源、加快施工速度、减轻劳动强度等效果。但是如外加剂使用不当，则易造成工程事故，所以在使用前一定要详细了解其性能并进行必要的试验。

混凝土外加剂种类很多，如普通减水剂、早强剂、引气剂、缓凝剂、高效减水剂、引气减水剂、缓凝减水剂、速凝剂、防水剂、阻锈剂、膨胀剂、防冻剂、高性能减水剂等。在工程中应按照实际要求选择合适的外加剂并进行试验，以确定最佳掺量和掺加方法。

5. 矿物掺合料

为节约水泥，改善混凝土的性能，在混凝土拌制时掺入量大于水泥质量5%的矿质粉末，称为混凝土掺合料。常见的混凝土掺合料有粉煤灰、矿渣粉、钢渣粉和硅灰等，以及它们经科学配合后的复合掺合料。在这些掺合料中粉煤灰应用最为广泛。当今社会，混凝土外加剂和矿物掺合料已成为配制混凝土时所必需的原材料。它们能够改善混凝土的和易性、强度和耐久性，而且能帮助混凝土利用更多的固体废弃物，节省资源、能源，保护环境，提高混凝土的绿色化水平。

6. 纤维

在混凝土制备过程中掺加一定量的纤维并乱向分布于混凝土内部，可有助于提高混凝土在塑性阶段和硬化阶段的抗开裂性，改善混凝土的抗拉强度和韧性。在地面、道路、机场、建筑物屋顶等的建设中，混凝土中常掺入纤维。可掺入混凝土中的纤维有多种，如钢纤维、碳纤维、聚丙烯纤维、聚乙烯醇纤维、聚丙烯腈纤维、尼龙纤维、腈纶纤维、玻璃纤维、陶瓷纤维以及木纤维、竹纤维等。纤维可加工成不同截面、不同长度、不同直径和不同形状。因为混凝土为碱性材料，在混凝土中掺加玻璃纤维，应选择耐碱性强的玻璃纤维品种。

7. 聚合物

为提高混凝土的抗拉强度、韧性和抗裂性，改善其防水性、耐久性，可在混凝土制备过程中掺加聚合物，或者在混凝土硬化后，通过真空将聚合物压入混凝土内部孔隙，等聚合物固化后便与混凝土材料牢固结合形成完整的统一体。可掺入混凝土中的聚合物有聚乙烯、聚丙烯、聚丙烯酸酯、聚苯烯酸酯、聚醋酸乙烯酯、环氧树脂等。

四、混凝土配合比设计

混凝土配合比是指混凝土各组成材料数量之间的比例关系。常用的表示方法有两种：一种是以1m³混凝土中各组成材料的质量表示，如水泥356kg，粉煤灰65kg，砂654kg，石子1150kg，水175kg，减水剂3.56kg；另一种方法是以各项材料相互间的质量比标示，常以水泥质量为1来表示，将上述配合比换算成水泥：粉煤灰：砂：石：水：减水剂＝1：0.183：1.837：3.230：0.01。

在进行混凝土配合比设计时，首先要了解混凝土的技术要求。例如，混凝土的强度等级、混凝土的耐久性要求、混凝土拌合物的坍落度指标、混凝土的其他性能要求等。

混凝土配合比的设计方法有很多，基本上都大同小异。基本步骤如下：①计算初步配合比（利用经验公式、经验图表等进行初步计算）；②试拌调整，得出基准配合比（通过混凝土拌合物试样，求得满足和易性要求的配合比）；③经过混凝土强度和耐久性等的检验，确定混凝土配合比（满足各项设计指标的配合比）。

第六节 砂 浆

砂浆在岩土工程中也具有重要作用。砂浆在岩土工程中主要起黏结、传递荷载、附着、保护、防水、装饰等作用。

砂浆是由胶凝材料、细骨料、外加剂和水等材料按适当比例配制而成。砂浆与混凝土的区别在于不含粗骨料，可认为砂浆是混凝土的一种特例，也可称为细骨料混凝土，但实际工程对砂浆性能的要求有时与混凝土有很大区别。

根据功能，砂浆分为普通砂浆和特种砂浆两大类。根据生产形式，砂浆分为现场配制砂浆和商品砂浆。商品砂浆包括干混砂浆和湿拌砂浆两类。砂浆和混凝土一样，今后的发展方向是商品化生产和供应。

用于砖石砌体的砂浆称为砌筑砂浆。它起着传递荷载和承受荷载的作用，因此是砌体的重要组成部分。用于墙面、顶面抹灰的砂浆称为抹灰砂浆。用于地坪处理的砂浆称为地面砂浆。

砂浆常用的胶凝材料有水泥、石灰、石膏、菱苦土、水玻璃等。按胶凝材料不同，砂浆又可分为水泥砂浆、石灰砂浆和混合砂浆等。混合砂浆有水泥石灰砂浆、水泥黏土砂浆和石灰黏土砂浆等。

普通水泥、矿渣水泥、火山灰水泥、粉煤灰水泥等常用品种的水泥都可以用来配制砂浆。粉煤灰、矿渣粉等活性掺合料则可用来替代部分水泥。有时为改善砂浆的和易性和节约水泥还常在砂浆中掺入适量的石灰或黏土膏浆而制成混合砂浆。保水剂、增稠剂以及颜料等都是砂浆中常用的添加剂。为改善砂浆的韧性和抗裂性，常在砂浆中掺加纤维。

新拌砂浆主要要求具有良好的和易性。和易性良好的砂浆容易在粗糙的砖石底石面上铺设成均匀的薄层，而且能够和底面紧密黏结。

硬化后的砂浆则应具有所需的强度和对底面的黏结力，而且其变形不能过大，以防止开裂。

根据砂浆的抗压强度，将砂浆划分为若干等级，称为砂浆的强度等级，并以"M"和应保证的抗压强度值（MPa）表示，其强度等级分别为 M2.5、M5.0、M7.5、M10、M15、M20、M25 和 M30 等。

影响砂浆强度的因素主要有原材料性质、配合比和施工质量等。此外，砂浆强度还受被粘结块体材料表面吸水性的影响。

第七节 沥青材料

一、沥青材料的分类及其主要特性

沥青是一种憎水的胶凝材料，常温下呈黑色或黑褐色固体、半固体或黏稠状的液体，与矿物材料有较强的黏结力，具有良好的防水、抗渗、耐化学腐蚀性。主要用于生产防水材料、防腐材料和铺筑沥青路面等。

沥青按照产源的不同可分为地沥青（包括天然沥青、石油沥青）和焦油沥青（煤沥青、木沥青）。天然沥青为石油浸入岩石或流出地表后，经地球物理因素的长期作用，轻质部分挥发和缩聚而成的沥青类物质。石油沥青是用石油炼制其他油品后的残渣加工而得到的。焦油沥青是将各种有机物质干馏加工而得到的焦油，经再加工后得到的沥青。页岩沥青的技术性能比较接近石油沥青，而生产工艺则接近焦油沥青。

工程上使用的沥青材料主要是石油沥青和煤沥青，其中石油沥青因性质优于煤沥青，应用最广。

二、沥青材料的应用

通常按照工程应用特性，将石油沥青分为道路石油沥青、建筑石油沥青和普通石油沥青三类。在选用沥青材料时，应根据工程的性质、所处的地理气候环境等多因素综合考虑。

道路石油沥青主要在道路工程中用作胶凝材料，与碎石等矿物质材料配制成沥青混合料。通常，道路石油沥青标号越高，黏度越小，延展性越好，但温度敏感性也越高。

在道路工程中选用沥青材料时，要根据当地的气候条件，尤其是全年最高气温和最低气温。在北方地区应选用低黏度的石油沥青，以保证沥青路面在低温下仍有一定的变形能力，减少低温开裂；在南方地区应选用高黏度的石油沥青，以保证夏季沥青路面有足够的稳定性。

建筑石油沥青的针入度较小，耐热性能好，但延度较小，主要用于制作油纸、油毡和防水涂料等。这些材料大部分应用于屋面及地下防水、沟槽防水、防腐蚀及管道防腐工程等。

近年来，采用各种聚合物对沥青材料进行改性，已成为岩土工程材料界热衷的技术措施。改性后的沥青不仅适用的温度范围变宽，而且塑性、韧性和耐老化性更优良。

第八节　土壤

所有的建筑物都是建立在土壤或岩石上的，有时土壤也会作为一种原材料而被应用于岩土工程中，如夯土墙、生土建筑、土坝等。所以，关于土壤性质的问题和其他岩土工程材料的性质一样重要。这些问题包括：

（1）土壤能否给予其上的建筑物以永久的支撑？

（2）土壤的收缩与膨胀是否与其上的建筑物有关？有多大的关系？

（3）土壤受压的安全范围是多大？

（4）天然土壤与人造土壤哪个较为稳定？

（5）在什么条件下土壤中的水分可以流动？

（6）土壤能否通过掺加一定的物质来改变其性能？

这些问题的解释都需要对土壤的特性和土壤的力学性质有一个很好的认识。这些问题的绝对答案是很难得到的，工程师们正在通过做大量的实验来认识土壤的各项性质。对于从事建筑行业的人员来说，学习土壤的稳定性和如何加固土壤是非常重要的。

一般来说，土壤加固法和加强措施是改善土壤性能行之有效的方法。土壤加固的目的是降低土壤的透水性、降低土壤的可压缩性和增加土壤的强度。工程上一般通过机械力（如夯实、碾压、振动）密实、挤压（如打桩）、化学加固（如掺三合土、掺固化剂、掺盐溶液）、加筋加固（如在土中加入筋带、钢筋、纤维、网状材料而形成复合体）、注浆（静压或高压喷射注浆）等措施，来加固土壤。

第九节　合成高分子材料

合成高分子材料是以合成高分子化合物为基础组成的材料。它具有密度低、比强度高、耐水性及耐化学侵蚀性强、抗渗性及防水性好、装饰性好、易加工等许多优点；同时，合成高分子材料也存在诸多缺陷，如耐热性差、易燃烧、易老化等。在实际工程中，应根据具体情况选用不同品种的高分子材料。

高分子材料作为岩土工程材料，开始于 20 世纪 50 年代，经过半个多世纪的发展，现在已成为继水泥、木材、钢材之后的又一种重要的建筑材料。我国建筑用塑料制品近20年来发展迅速，塑料管材、塑料异型材及门窗制品在塑料制品中占有着重要的位置。目前我国的建筑塑料制品比例由20世纪80年代的3%上升到目前的6%～7%。

高分子建筑材料的主要形式有塑料制品、橡胶制品、涂料、墙布（纸）、塑料地板、胶粘剂、密封剂、玻璃钢、防水材料等。由此可见，高分子材料是一类产品形式多样、性能范围很宽、使用面很广的建筑材料。

岩土工程中常用的高分子材料主要有：聚氯乙烯（PVC）、聚烯烃、苯乙烯类聚合物、有机玻璃、聚碳酸酯等。其中聚氯乙烯是最常用的一种高分子材料，用聚氯乙烯制造的高分子建筑材料和制品有塑料墙布（纸）、塑料地板、门窗、装饰板、管材和防水卷材等。

第十节　墙体材料

用来砌筑、拼装或用其他方法构成承重或非承重墙的材料称为墙体材料。墙体材料主要有砖、砌块和板材三类。

墙体砖按所用原材料不同分为黏土砖和废渣砖；按生产方式不同分为烧结砖和非烧结砖；按砖的外形不同分为普通砖、多孔砖及空心砖。砌块有混凝土砌块、蒸压加气混凝土砌块、粉煤灰硅酸盐砌块等。板材有混凝土大板、玻纤水泥板、加气混凝土板、植物纤维板、石膏板及各种复合板等。

长期以来，我国建筑墙体材料一直以黏土砖为主，随着基础设施建设的加大，传统材料无论是在数量上，还是在品种、性能上都无法满足人们的要求。另外，黏土砖自重大、体积小、生产效率低、能耗高，又需要消耗大量宝贵的耕地黏土，故逐渐被各种环保的新型墙体材料所代替。因地制宜利用地方资源及工业废料，大力开发和使用轻质、高强、耐久和节资、节能、利废、减排、环保的新型建筑材料，是当今社会墙体材料发展的一个重要方向。

第十一节　新型岩土工程材料

随着材料科学技术的发展、岩土工程建设技术要求的提高和绿色建筑的推广，新型岩土工程材料，包括各种新型胶凝材料、纳米改性材料、超高性能结构材料、新型功能性建筑材料等如雨后春笋般发展起来。新的施工技术也促进了新型岩土工程材料的发展。新技术、新工艺的应用带来了岩土工程材料的性能提升和功能多元化。如自密实混凝土、高强混凝土和超高强混凝土、活性粉末混凝土、透光混凝土、空气净化混凝土、导电混凝土、电磁屏蔽混凝土和 3D 打印混凝土等就是在这种背景下应运而生的。

在大力提倡可持续发展社会和绿色生态建筑的今天，新型绿色环保岩土工程材料和生态岩土工程材料也正被广泛开发生产，且逐渐地被应用于实际岩土工程中。如秸秆压制板材、稻壳保温砂浆、脱硫石膏复合胶凝材料、淤泥烧制陶粒及砌块、再生集料水泥混凝土、大掺量掺合料混凝土和再生沥青混凝土等，这些岩土工程材料具有节省资源、节约能源、减少排放和保护环境等优点。

下面简要介绍几种新型岩土工程材料。

一、高性能混凝土

20 世纪 80 年代，随着混凝土工程向高层、超高层以及大型化、复杂化方向发展，混凝土的服役环境也日趋严酷，普通混凝土不能再满足这些要求了，人们将研究的目标瞄准具有更好施工性、更高力学强度和更优耐久性的混凝土。当时，社会十分盛行"高性能"这个词汇，于是便诞生了"高性能混凝土"这个概念。

美国学者认为：高性能混凝土是一种易于浇筑、振实、不离析，能长期保持高强、韧性与体积稳定性，在严酷环境下使用寿命长的混凝土。美国混凝土协会认为：此种混凝土并不一定需要很高的抗压强度，但仍需达到 55MPa 以上，需要具有很高的抗化学腐蚀性和其他一些性能。

日本学者则认为：高性能混凝土是一种具有高填充能力的混凝土，在新拌阶段不需要振捣就能完成浇筑；在水化、硬化的早期阶段很少产生由水化热或干缩等因素而导致的裂缝；在硬化后具有足够的强度和耐久性。

加拿大的工程技术人员认为：高性能混凝土是一种具有高弹性模量、高密度、低渗透性和高抗腐蚀能力的混凝土。

综合各国对高性能混凝土的要求，可以认为，高性能混凝土具有高抗渗性（高耐久性的关键性能）；高体积稳定性（低干缩、低徐变、低温度变形和高弹性模量）；适当的高抗压强度；良好的施工性（高流动性、高黏聚性、自密实性）。

中国在《高性能混凝土应用技术规程》CECS207：2006 对高性能混凝土定义为：采用常规材料和工艺生产，具有混凝土结构所要求的各项力学性能，具有高耐久性、高工作性和高体积稳定性的混凝土。

实际上，高性能混凝土并不是一个混凝土的品种，它是人们对混凝土性能的一种期望。高性能混凝土也不是必须同时具备各种"高性能"才能被称作高性能混凝土。工程情况不同、时代不同，对混凝土"高性能"的要求也不相同。所以，高性能混凝土应具有偏重性、相对性和时代性等特性。我国已故著名混凝土材料学者吴中伟院士更是认为：高性能混凝土更应注重绿色环保性，即向绿色高性能混凝土方向迈进。

二、超高性能混凝土

20 世纪 90 年代由法国 Bouygues 公司首次提出"活性粉末混凝土"（Reactive Powder Concrete，RPC）的概念，这种混凝土在力学性能和耐久性方面更加优越，抗压强度可以高达 400MPa，抗折强度可以高达 40MPa 以上，且具有较好的韧性，所以又被称为"超高性能混凝土"（Ultra-High Performance Concrete，UHPC）。

超高性能混凝土是 DSP（Densified System Containing Ultra-fine Particles）材料与纤维增强材料相复合的高技术混凝土。超高性能混凝土的优异性能表现在超高力学性能、超高耐久性能、优良的耐磨和抗爆性能几个方面。

与普通混凝土相比，超高性能混凝土在原材料、配合比和施工性等方面的要求有较大的不同。例如，配制 UHPC 所用水泥强度等级较高，水泥用量较大，水胶比较低，一般使用硅灰等超细掺合料，不使用粗骨料而使用石英砂等高强细骨料，同时掺加纤维（钢纤维或复合有机纤维）来降低混凝土的脆性，此外还根据不同需要加入多种外加剂。

超高性能混凝土是近年来最具创新性的水泥基工程材料之一，能够实现工程材料的大跨越。因此，超高性能混凝土将是今后相当长的时期内岩土工程材料行业的研究和应用热点。

三、再生混凝土

在不断深入的城市化建设中，新建筑的建设和旧建筑的拆除都会产生大量的建筑垃圾，造成严重的环境污染和资源浪费。对这部分建筑垃圾特别是废弃混凝土的再生利用将具有显著的环境和经济效益，对实现建筑、资源与环境的可持续发展具有深远意义。

将废弃混凝土经清洗、破碎、分级并按一定比例相互配合后可得到"再生集料"，部分或者全部利用"再生集料"制备的混凝土称为"再生混凝土"。再生混凝土具备世界环境组织提出的"绿色建材"特征，即：

（1）节约资源、能源，资源化利用废混凝土。

（2）不破坏环境，更有利于优化环境。

（3）可持续发展，既可满足当代人的需求，又不危害后代人的建设需求。

我国对再生混凝土的研究起步相对较晚，但已经开展研究工作的高校和科研院所做了大量工作，涉及范围广泛，已取得一定成果，包括废弃混凝土破碎及再生工艺、再生混凝土的工作性能、力学性能及耐久性、再生混凝土梁柱、框架节点、框架结构的抗震性能以及组合结构的性能等。2007 年颁布的上海市地方标准《再生混凝土应用技术规程》DG/T J08-2018-2007，为再生混凝土技术的应用提供了明确指导。2012 年颁布了国家标准《工程施工废弃物再生利用技术规范》GB/T 50743—2012，自 2012 年 12 月 1 日起实施。该规范为我国工程施工废弃物的全面再生利用提供了技术依据。

四、透光混凝土

尽管水泥混凝土是主要的建筑材料，但传统的混凝土都是灰色的不透任何光线的，给人死气沉沉的压抑感。由匈牙利建筑师发明的透光混凝土则可使光线透过，既节省了照明能耗，又表现出较好的艺术效果。在 2010 年上海举办的世博会上，意大利馆就使用了透光混凝土。

将透光混凝土用于建筑外墙，随着阳光折射角度的变化，建筑物在一天内可连续不断地变幻出不同画面。自然光的射入可以减少室内灯光的使用，从而节约能源。透光混凝土的出现和应用必将为绿色建材的发展添上浓墨重彩的一笔。

五、可用于 3D 打印的岩土工程材料

当前，3D 打印是一个很热的词汇，各行业都希望能采用 3D 打印的方法得到所需要的部件，因为它是速度相对较快又不需要事先建造模板的制备技术。3D 打印是一种与减材制造和等材制造等传统制造技术迥然不同的新兴材料加工技术，以模型的三维数据为基础，通过打印机喷嘴挤出材料逐层打印增加材料来生成实体的技术，因此又称为添加制造，或称为增材制造。目前 3D 打印作为 "第三次工业革命的重要生产工具"，正在成为一种迅猛发展的潮流，广泛应用于各个研究领域，如生物医学、航空航天、模具制造、汽车制造等。近年来，3D 打印在建筑领域的应用也在不断拓展。

3D 打印技术对岩土工程材料的性能提出了更高要求。首先是可挤出性，在打印过程中，岩土工程材料浆体通过挤出装置的喷嘴挤出进行打印，因此应保证浆体能顺利挤出。可挤出性也是对浆体流变性能的要求，浆体具备良好的流变性可便于挤出成型，保证打印构件的完整性。另一方面是浆体的黏聚性和强度快速建立的性能，也称为建造性。

3D 打印技术在建筑领域的应用中材料的选择是重中之重，除了混凝土、砂浆的应用，其选择范围也在逐渐拓展。从材料的性能和资源应用的双重角度考虑，以磷石膏水硬性复合胶凝材料为基材的纤维增强材料，以脱硫石膏水硬性复合胶凝材料为基材的纤维增强材料，以粉煤灰—矿渣粉—石灰—石膏复合胶凝材料为基材的纤维增强材料，以磷酸盐胶凝材料为基材的纤维增强材料，等等，都能很好地满足 3D 打印的技术要求。甚至有人大胆预言，在不久的将来，利用火星或月球上的大宗资源，在火星或月球上打印适

合人类居住的房屋，满足人们在火星或月球上的生存梦，一定是必然的。

六、纳米岩土工程材料

纳米材料是一门新兴的并正在迅速发展的材料科学。纳米材料是指颗粒尺寸在纳米量级（1～100nm）的超细材料，其尺寸大于原子簇（尺寸小于1nm的原子聚集体）而小于通常的微粉，处在原子簇和宏观物体交界的过度区域。由于纳米材料的尺寸小，其在结构、物理和化学性质等方面具有诱人的特征，使之成为当今材料科学领域研究的热点，被科学家们誉为"21世纪最有前途的材料"。

将纳米材料技术应用于岩土工程材料中的研究是近10年才开始的，但是发展十分迅速。众多学者尝试采用纳米材料来改善岩土工程材料的性能，目前应用于岩土工程材料的纳米材料有碳纳米管、氧化物纳米颗粒以及纳米黏土等。这里简要介绍几种。

1. 纳米SiO_2改性混凝土和纳米$CaCO_3$改性混凝土

纳米材料由于其尺寸小而具有特殊的结构特征，从而产生了四大效应：尺寸效应、量子效应（宏观量子隧道效应）、表面效应和界面效应，从而使其具有传统材料所不具有的物理和化学特性。

纳米SiO_2是纳米材料中的重要一员，为无定型白色粉末，是一种无毒、无味、无污染的非金属材料。纳米SiO_2微结构呈絮状和网状的准颗粒结构，为球形。将纳米SiO_2作为外加剂掺入混凝土，可以起到良好的火山灰效应、填充效应，并促进水泥的水化，从而改善混凝土的微观结构，整体改善混凝土的力学性能和耐久性能。

研究表明，在混凝土中掺加占水泥重量1%～5%的纳米SiO_2，可使混凝土1d、3d、7d和28d抗压强度分别提高6%、35%、25%和11%，抗折强度提高10%～25%，抗渗性提高30%以上，抗冻性提高50%以上，抗化学物质侵蚀能力大幅度提高。

纳米$CaCO_3$具有比普通碳酸钙更优异的性能，目前采用"碳化法"生产纳米$CaCO_3$较为普遍，根据不同碳化工艺条件，加入不同的结晶控制剂，可生产出不同晶型纳米$CaCO_3$，有立方形、纺锤形、球状、链锁状

将纳米$CaCO_3$作为外加剂掺入混凝土，可以起到良好的填充效应、晶核效应，并促进水泥的水化，从而改善混凝土的微观结构，亦能整体改善混凝土的力学性能和耐久性能。

2. 纳米TiO_2光催化混凝土

锐钛型纳米TiO_2是一种优良的光催化剂，它具有净化空气、杀菌、除臭、表面自洁等特殊功能。利用纳米TiO_2制备光催化混凝土，使之对机动车辆排放的对人体有害的NOx和SO_2等污染气体进行分解去除，起到净化空气的作用。

3. 纳米自感应混凝土

混凝土材料本身并不具备自感应功能，但在混凝土基材中复合部分导电相可使混凝土具备本征自感应功能。目前常用的导电组分可分三类：聚合物类、碳类和金属类物质，其中最常用的是碳类和金属类物质。通过标定这种自感应混凝土，研究人员能测定阻抗和载重之间的关系，由此可确定以自感应混凝土施作的公路或桥梁上车辆的方位、重量和速度等参数，为交通管理的智能化提供了材料基础。同时还可以用于岩土工程结构的实时和长期监测，便于监控混凝土结构的开裂与破坏情况及其损伤评价等。

4. 纳米电磁屏蔽混凝土

电磁屏蔽混凝土是通过对混凝土进行改性而得到的一种防护或遮挡电磁波的混凝土，主要作用是防止建筑内部电磁信号的泄露和外部的电磁干扰。

研究发现，掺入铁氧体可有效提高混凝土的电磁屏蔽功能，其中锰锌铁氧体的电磁屏蔽性能最好。

5. 纳米净水生态型混凝土

当前，城市建设突飞猛进，城市成为混凝土森林，地面裸露土壤越来越少，遇到暴雨很易发生内涝。国家提出建设"海绵城市"的战略要求。海绵城市建设是一项重大的系统工程，需要透水混凝土路面和广场路面，再加上正确的排水、集水和净水系统。将高活性的纳米净水组分与多孔混凝土复合，利用其多孔性和粗糙特性，使其具有渗流净化水质功能和适应生物生息场所及自然景观效果。净水生态混凝土用于河水、池塘水、地下污水源净化，在保护居住生态环境方面有积极的意义。

6. 自调湿生态环境材料

纳米级天然沸石、纳米级硅藻土等内部多孔，具有较好的吸附与解吸附功能。将这些纳米材料掺加到水泥混凝土、建筑砂浆和涂料中，可以赋予这些岩土工程材料较好的自动调湿功能，制得自调湿生态环境材料。自调湿生态环境材料的特点是：优先吸附水分，水蒸气压低的地方，其吸湿容量大；吸放湿与温度相关，温度上升时放湿，温度下降时吸湿。

自调湿生态环境材料比较适合用于对湿度控制要求比较高的美术馆、图书馆、博物馆等建筑环境。

对传统岩土工程材料的改性和对新型岩土工程材料的研究从来就没有停歇过。随着材料科学技术的进步，岩土工程材料日新月异。今后，岩土工程仍然向着更高、更大、更复杂、使用环境更严酷的方向发展，通过大家的努力，岩土工程材料的技术和产品创新一定能满足这些新的需求。

第五章 岩土工程施工技术

第一节 水井施工技术

一、水井钻进技术

（一）水井定位的概念

水井定位是为实现钻井用水的目的，综合考虑水源、水量、水质、钻探、使用、费用、安全等因素，择优选取水井的位置。它是水井施工项目中的"两大风险"（定井风险与施工风险）之一，事关项目成败的先决条件。水井定位通常要进行资料搜集整理和现场踏勘工作，有时需要重复交替多次查证，最后综合考虑确定水井的准确位置。资料搜集主要是搜集当地已有成井的相关资料，包括水井勘探、设计书、成井报告书、验收交接、使用维护等资料；搜集地质、水文、气象等地球物理特征资料，可以到资料室或档案室查找，也可到地质、水利、气象部门收集相关资料，也可以到现场搜集有用信息资料。

现场踏勘是指到现场进行访测，开展地下水勘查和地面物探工作。到达现场，通过直接观测地层岩性和地形地貌，可以初步判读地质构造和水文补给条件，同时可以了解当地气候资料、水位变化、有无污染、施工条件以及社情民俗等情况。通过在较大范围的勘查，测定相关数据，推知地物地貌、地质构造，确定水域水层寻找水源。利用水源侦查技术方法进行地面物探，测得相关数据，进行分析推定各个位置的地下层含水情况。

地下水勘查技术发展在经历了地面物探阶段后，出现了航空物探勘查技术，其在浅层水资源调查、寻找古河床、区分淡水与海水的界限等方面效果非常好。随着卫星遥感技术的发展，热红外遥感图像技术和微波雷达主动遥感技术先后被应用于水文地质调查和地下水勘查工作，逐渐成为主要的探测手段。当今，RS（遥感）、GPS（全球定位系统）和GIS（地理信息系统）的相互结合直接形成"3S"技术，成为人类观测太空和研究地球的最高新技术方法。可以展望："3S"技术必将推动水文和水资源相关领域工作的开展，当然包括地下水勘查。

（二）地面物探技术方法

地面物探就是在地层表面利用地球物理勘探技术方法进行探水侦查，探测有无地下含水层，以及其深度和厚度，确定富水的区域位置。其技术方法种类大致包括：①电法勘探；②磁法勘探；③重力勘探；④地震勘探；⑤核放射探测技术；⑥地下电磁波技术。在一般水井的水源侦查中，使用最普遍的是电法勘探，我部以前习惯于采用电阻率法和激发极化法，近几年，EH-4 电探法正逐渐被接受并为常用方法。

电阻率法：用电源建立电场，研究其电阻率变化，根据不同地质物质导电性的差别和含水构造与围岩之间的电阻率差异，推断地下含水层大体存在位置及含水量的大小概率。在物探找水技术中，电阻率法技术成熟，特别在寻找古河道、风化壳和风化裂隙、断层破碎带、溶洞溶隙、构造裂隙方面有优势。能够根据地质体的地质常识分析判断其物理性质和特异性，根据探测地层其岩性沿横向和纵向的电性变化的不同，结合对地质构造的垂向变化异常反应明显的特点，如沿一条测线多布置几个测深点，则能很好地探明地质构造沿横向不同深度发展变化规律，确定岩溶、断层破碎带、构造裂隙的位置、走向分布、异常带的宽度，获取比较详细的地电断面结构特征，信息丰富，含水异常明显、分辨地层能力比较好，勘探效果明显。而且电阻率测深法成本低、易作业、效率高、干扰小，对勘探结果进行统计处理和分析推断方便容易、简单清晰，是很好的一种物探找水方法。

激发极化法：激发极化法是向大地不间断的通电和断电，测量电极之间在供入电流或切断电流瞬间的电位差，进而测定其与时间变化的情况。通过观察和研究极化率参数，根据不同物质激电效应的差异为基础，发现含水介质产生的激电异常来找水的一类电勘探法。按采用电流的形式可分为时间域和频率域激发极化法，前者使用直流电，后者采用交流电，都对供电电流要求较大。EH-4 电探法：利用 EH-4 连续电导率剖面仪这种专门的仪器进行物探的方法。它是利用电流造成一个人工电磁场，在测量时再将该磁场融入天然电磁场，同时利用两种场源，同时接受电场和磁场的 X、Y 两个方向的数据，对数据曲线进行分析，利用大地电磁的测量原理，反演电导率在 X-Y 方向的张量剖面情况，运用二维曲线来判断地质构造和富水情况。这种方法运用简单方便，仪器测得数据相对准确，具有节能稳定、数据实时进行处理、绘制图像清晰明了等优越性，可以有效避免前两种方法布线跑极困难、劳动量大、效率低的不足（尤其深度加大、地面崎岖的情况下）。但由于其精度高，导线易受刮风和高压线的影响，采用土埋导线可以排除。

在通常的水井定位工作中，航空物探勘查技术和遥感勘查技术的结果在资料收集中能够找到，它只是给出一个较大区域的整体情况，对水井定位提供一个前期指导，具体的确定水井的准确位置主要依靠地面物探来进行，因此地面物探是开采供水井水源侦查实际工作中的重要内容。

（三）水井钻探技术研究进展

在1521年前，开采水井主要是人工采用掘井的方式方法。1521—1835年，人力冲击钻井法应运而生，人们利用了杠杆原理及自由落体的下落冲击作用来钻井。1859—1901年，机械顿钻（冲击）法逐步代替了人力冲击，机械动力开始发挥作用，效率大大提高，破岩和清岩相间进行。

到1901年，旋转钻井发展成为一种成熟的新式钻进技术。依靠机械动力带动钻头旋转，在旋转的同时对井底的岩石进行碾压破碎，同时循环钻井液来清洁破碎的岩石碎屑。动力大，钻速快，破岩和清岩同时进行。

发展到现在，水井地钻进技术和方法形式多样，分类方法也比较多，按照使用的循环介质可以分为泥浆钻进、泡沫钻进、清水钻进和空气钻进四类；按使用钻头常分牙轮和潜孔锤钻进两类；按工作原理可分回转和冲击两类；按循环方式分为正、反循环两类；由于各种技术的优势不同，为提高钻进效率，通常情况下都是采用多种技术方法组合钻进，如泡沫气动潜孔锤正循环冲击回转钻进。

1. 泥浆钻井技术

以泥浆作为冲洗液地钻进方法，通常用牙轮钻头或牙轮组合钻头等，俗称泥浆牙轮钻进法。牙轮钻头工作时，多个牙轮在公转的同时进行自转，扭矩相对减小，切削齿在滚动中交替接触井底岩石，由于其受力面积小，产出压强比较大，容易钻进；切削齿数量较多，因而磨损量相对要减少，适应钻进地层范围较大。这是实际工作中一种最常用的普通钻进方法，操作相对简单，钻进稳定。

2. 泡沫钻井技术

利用高压力空气、水、泡沫剂形成均匀稳定的泡沫流体作为冲洗液地钻进方法。由于其密度低，黏性小，不会封堵破碎、裂隙发育地层中的水系，因此在该地层得到了广泛的应用。泡沫循环速度低，冲刷能力弱，且其有一定的薄膜黏性，适宜在易坍塌地层中应用。由于具有低密度流体钻进的优点，同时也兼备空气雾化钻进的优点，有效降低孔内事故的发生概率，可以在高原、戈壁、沙漠等干旱缺水地区应用，也可以在漏浆严重的情况下应用。

泡沫钻井技术由美国最早使用，发展于1950年左右，在地层稳定性不好且干旱缺水的内华达州钻井，开创性地使用了泡沫，泡沫的上返速度远远低于单纯采用空气钻进的上返速度，只需要空气的1/10～1/20，对于护壁非常有利。此后，美国又在开采油层和永冻层钻进中进一步开展了对泡沫钻进技术的研究应用，在实践中取得了非常可观的效益，并逐渐成为一种主导技术方法。

在1960年年初，苏联也加入对泡沫钻进技术的科学研究和开发应用。起初，只在油气井的修复钻进中进行试验。到了２０世纪70年代，泡沫流变学理论产生，并在泡沫金刚石岩芯钻进试验中深入研究，而且涉及温度、压力等方面的影响。10多年后形成试验结论：采用泡沫在Ⅷ—Ⅹ级岩层中钻进，钻进效率、机械钻速、回次进尺都大大提高，提高数值分别为25%、30%和22.5%，而且在消耗金刚石钻头上降低了28%，能量消耗方面降低了近23%，整体效益核算提高达34%。于是，世界上许多国家（德、日、英等）迅速地开展应用研究，成为新技术开发的重要内容。

进入20世纪80年代，美国Sandia Nation公司成功研制出100多种离子专用泡沫剂，针对不同的地层选择适用的种类，钻井设备也成套成系列，钻进技术也可以自动控制，实现了计算机操作。在雪夫隆公司的计算机控制系统中输入有关参数，如井径、井深、孔斜率、压力、转速、岩石、温度等，就能给出整个钻进过程中各个井段的有效控制参数，如泡沫的压力、流速、气液比等。泡沫钻进技术中流变学研究和应用取得了飞越式的发展，美国处于世界领先地位。我国对泡沫钻进技术的应用研究比较晚，80年代，最先应用于洗井、钻井的是在石油开采领域，接着煤炭部、地质矿产部开始着手这方面的研究。"七五"期间，国家设立了部级科技攻关项目，专门进行泡沫技术的试验研究，针对"多工艺空气钻探"项目，先后有原地矿部勘探技术研究所和多家地质学院等单位进行了攻关研究，并研制出了CD-1、CDT-813、ADF-1等多种类型的泡沫剂，生产并利用泡沫测试装置开展钻进技术工艺的试验，先后在甘肃、四川、河南等省地矿厅进行了实际性探讨应用，极大地推动了此项技术发展。与此同时，山西省和四川省的部分工程队，尝试进行泡沫潜孔锤钻进，做了大量实际工作，取得了卓有成效的进步。

进入90年代后期，地矿部立项进行了水泵泡沫增压装置的研究。吉林大学研制出的泡沫增压泵，在实际应用中达到90%容积效率的可喜成果。2000年，国家实行西部大开发，在宁夏地区实际开展试验工作，重点应用水泵增压泡沫灌注系统的试验研究，实现了5MPa的增压效果。另外，吉林省科委在泡沫潜孔锤技术运用方面做出了特殊贡献。

3. 空气钻井技术

空气钻进是指以压缩空气或压缩气液混合物作为循环介质地钻进方法。在潜孔锤时，压缩气体为破岩的动力，同时起到循环介质的作用。此种技术的回转速度低，但钻进速度可以提高数倍，扭矩小、钻压小，钻具的磨损相对减少，一般不会发生井斜。由于不需要水液，因此可以在比较干旱缺水、寒冷时节、寒冷地区及永冻层钻进。高压气体的冲击岩体裂缝、冲洗孔底和返渣效果好，适宜完整基岩地层运用，在极硬、中硬地层中使用效果特别明显。由于其使用方便、钻进快速的特点，多次在煤矿和隧道塌方、瓦斯排放井抢险中推广运用。我国地矿部曾在河北保定、北京房山等干旱缺水地区进行生产实验，效果颇好，开始在我国大范围的推广应用，发展较快。

4. 电动钻井技术

以电为动力源作用冲击器进行钻进，主要运用孔底电动冲击器。电磁式孔底冲击器以高能量电池为动力源，利用电磁理论和机电控制技术原理，操作者在地表可以控制其启动、冲击、调整和停止。由于它与冲洗介质、泵量、泵压无关，其主要部件均可密封起来，可以克服液动、风动冲击器的不足，特别适宜在复杂地层运用。电动钻井技术应用前景广阔，新型电磁式孔底冲击器的钻探效率提高显著，其技术手段的合理应用成为一项新的重要研究课题，目前应用的实例较少。中国地质大学李峰飞、蒋国盛等通过实验研究，并在实际项目中将泥浆压力脉冲应用于孔底电动冲击器的遥控中，重点研究利用多种技术手段配合对电动冲击器的控制。泥浆压力脉冲的传输需要时间长，且人工控制泥浆泵可操控性不理想，二者的自动控制技术需要进一步提高。

5. 几种钻井新技术

喷射钻井技术：喷射钻井技术就是通过钻机具将高压钻井液注入井内，利用高压液体射流自身的超高喷射速度和冲击能量的作用，在井孔底部产生一个巨大的冲击力，液体有效渗透岩石缝隙，对于破岩钻进非常有益。由于高压射流能及时充分清除岩屑，保证钻头直接全部作用井底地层，同时高压冲击流有助于井底岩石裂缝的扩张和延深效果，甚至直接破碎，因此，钻进速度快、钻头磨损少，钻头寿命延长，进尺就增大，减少因换钻头起下钻具的次数和时间，工期缩短效益高。

微波钻井技术：微波钻井技术利用超高频电磁波微波作用在岩石上改变其物理特性，使其容易被破碎，进而有助于钻进的较新钻井技术。通过将一定频率和一定波长的超高频电磁波作用于岩体，使其内部带电的偶极子由无规则运动变为一定方向的规则排列，在交流电反复极化作用下，运动摩擦导致温度升高，岩体在水分蒸发、内部分解、膨胀等作用下被破坏。此外，微波加热既不需要对流、辐射、热传递过程，也不用介质传热，较好的利用加热改变岩石的物理性能，进而易于破岩。

激光钻井技术：激光钻井技术就是利用激光热裂、高性能特性，以井下小型激光器提供能量联合机械破岩，以传统方式携屑返渣的前瞻性钻井技术。此项技术涉及多学科的交叉配合和协同作用，有诸多问题需要研究和解决。当前，激光能量供给和激光头的保护已积累了丰富的经验，但仍然有广阔的研究发展空间。激光—气体机械联合钻井和激光激励汽化射流钻井技术为当前研究的两个重要内容，激光钻井技术的促进和推广需要其在生产实践的不断应用试验，研究探索仍有广阔的空间。

（四）钻进技术与选择应用

水井钻进是一项综合人员、技术、设备、地质、需求和效益为一体的系统性工作，其中每一个因素的变化都会影响甚至导致钻进的成败，钻进方法的选择应依据钻进情景来决定，尤其是技术参数的及时调整必须到位；特别是由于其地下隐蔽性较强的特点，决定了其过程的复杂和危险，钻进技术的选择应用尤其显得重要。

1. 影响水井钻进的因素

影响水井钻进的因素很多，在施工中既有可以人为调控或加以利用的积极因素，又有不可控或不可抗拒的消极因素，了解掌握其内在原理，做到兴其利、避其害是水井施工作业者必须要完成的一个基本任务。

2. 制约水井钻进的先决因素

（1）人员情况

人是水井钻进施工任务的主动性关键因素。水井施工任务的顺利安全、高效圆满地完成，必须要有一个英明果断、敢于负责的决策指挥组，要有一个学识深厚、经验丰富的地质和钻探技术组，要有一支技能过硬、作风优良的实践操作队伍，要有一个文体食宿、材料购置的后勤保障组。

（2）地质情况

不同的地质地层有其不同的特性，在岩石性质、矿物结构以及比例构造等方面各不相同，同时其物理特性（如强度、硬度、脆性、研磨性、可塑性）在不同的环境（压力、温度、湿度）下也会发生变化，因此在钻进过程中要考虑其影响，有针对性地选择与之适宜地钻进技术方法。

（3）设备情况

水井钻进施工涉及的设备主要有水文钻机、钻具、泥浆泵、空压机、增压机、装卸及运输车、运水车、勤务保障车。钻机的技术指标及性能稳定情况直接决定了最大水井深度、井径、提升力、技术运用等要素，泥浆泵、空压机等性能直接影响水井钻进方法、成井工艺、钻井液的功效，附属配套设备同样制约施工开展水井施工通常在交通不便的地方展开，施工期一般不会太长，经常需要越野机动，而且要满足抢险救灾、国际维和、反恐维稳特殊条件下的野外任务需求。

二、供水井成井技术

水井钻孔的成井工艺，包括钻孔结束后的冲孔、换浆、安装井管、填砾、止水、洗井和抽水试验等工艺过程。

1. 换浆

主要用于循环泥浆钻进时必须采用换浆。钻孔达到设计孔深后，往孔内注入优质稀泥浆，把孔内含岩屑的浓泥浆全部转换出来，最后注清水反复冲洗。

换浆方法：换浆时应从下而上进行，防止孔内上部泥浆稀释后岩屑沉淀封住井孔。

2. 下井管

下井管的目的：一是保护孔壁防止坍塌，二是阻止泥沙防止淤塞。

井管包括井壁管、过滤管、沉淀管三部分，常用的井管有金属管和非金属管两大类。

井壁管：井壁管是保护含水层孔段的井壁，防止坍塌堵塞井筒，同时又隔离有害杂质的漏入井中，以保证水井的水质。目前常用的井壁管有钢质井壁管，铸铁井壁管，水泥管和塑料管等。

过滤管：过滤管是安装在井内含水层位置，含水层内的水可以通过过滤管的孔隙流入井内，它的作用是防止含水层井壁因大量抽水而坍塌和阻止细小的砂粒涌入井内，根据过滤管的结构常用有以下三种：缠绕过滤管、包网过滤管、乔式过滤管。

下管方法：应根据成井深度、井管材质强度、起吊设备能力等来确定。常用的方法是提吊下管法。要求在下管过程中要稳拉、慢放、严禁急刹车，下管遇到阻力时不得猛墩。

抽水试验是取得水文地质资料的重要手段，直接关系到钻孔质量的评定，因此，必须十分重视。抽水试验的目的：获取含水的渗透系数，查明下降漏斗和影响半径，取水进行全分析和细菌分析，鉴定地下水的水质。

3. 抽水试验

（1）抽水试验设备的选择

抽水试验设备的选择，主要根据钻孔水位的深度、水位变化范围、漏水量、钻孔直径以及抽水设备技术性能等因素来确定。抽水试验设备：离心泵、深井泵、潜水泵、射流泵、空气压缩机。

（2）抽水时水量水位测量

水位测量：测量水量的工具有量水堰，按堰口形状不同可分为三角堰、梯形堰、矩形堰三种，其中三角堰用得最多。三角堰结构：测量抽水时的水位通常用电测水位仪，它是由电池、电流表、带刻度用的导线棒组成。

第二节　桩基础施工技术

一、各种桩基础的特点及应用

按成桩方法来说，我们可以把桩基础分为两大类：预制桩和灌注桩。

（一）预制桩

多年来，钢筋混凝土预制桩是建筑工程的传统的主要桩型。20 世纪 70 年代以来，随着我国城市建设的发展，施工环境受到越来越多的限制，预制桩的应用范围逐渐缩小。但是，在市郊的新开发区，预制桩的使用是基本不受限制的。预制桩总体来说，具有以下特点：

（1）预制桩不易穿透较厚的砂土等硬夹层（除非采用预钻孔、射水等辅助沉桩措施），只能进入砂、砾、硬黏土、强风化岩层等坚实持力层不大的深度。

（2）沉桩方法一般采用锤击，由此会产生一定的振动和噪声污染，并且沉桩过程会产生挤土效应，特别是在饱和软黏土地区沉桩可能导致周围建筑物、道路和管线等受到损坏。

（3）一般来说预制桩的施工质量较稳定。

（4）预制桩打入松散的粉土、砂、砾层中，由于桩周和桩端土受到挤密，其侧摩阻力因土的加密和桩侧表面预加法响应力而提高；桩端阻力也相应提高。基土的原始密度越低，承载力的提高幅度越大。当建筑场地有较厚沙砾层时，一般宜将桩打入该持力层，以大幅度来提高承载力。当预制桩打入饱和黏性土时，土结构受到破坏并出现超孔隙水压，桩承载力存在显著的时间效应，即随休止时间而提高。

（6）建筑工程中预制桩的单桩设计承载力一般不超过 3000kN，而在海洋工程中，由于采用大功率打桩设备，桩的尺寸大，其单桩设计承载力可高达 10000kN。

（7）由于桩的灌入能力受多种因素制约，因而常常出现因桩打不到设计标高而截桩，造成浪费。

（8）预制桩由于承受运输、起吊、打击应力，要求配置较多与钢筋，混凝土标号也要相应提高，因此其造价往往高于灌注桩。

预制桩主要有以下几种类型：

普通钢筋混凝土预制桩（R.C桩），这是一种传统桩型，其截面多为方形（250×250—500×500mm），这种预制桩适宜在工厂预制，高温蒸汽养护。蒸养可大大加速强度增长，但动强度的增长速度较慢，因此蒸养后达到了设计强度的 R.C 桩，一般仍需放置一个月左右碳化后再使用。

预应力钢筋混凝土桩（P.C桩），这种预制桩主要是对桩身主筋施加预拉应力，混凝土受预拉应力从而提高起吊时桩身的抗弯能力和冲击沉桩时的抗拉能力，改善抗裂性能，节约钢材。预应力钢筋混凝土桩具有强度高、抗裂性能好，耐久性好，能承受强烈锤击，成本低等优点，所以各国都逐步将普通钢筋混凝土桩改用预应力钢筋混凝土桩。P.C桩的制作方法主要有离心法和捣注法两种，离心法一般制成环形断面，捣注法多为实心方形断面，也可采取抽芯办法制成外方内圆孔的断面。为了减少沉桩时的排土量和提高沉桩灌入能力，往往将空心预应力管桩桩端制成敞口式。预应力管桩在我国多用采用室内离心成型、高压蒸养法生产，其标号可达 C60 以上，规格有 Φ400、Φ500 两种，管壁分别为 90mm、100mm，每节标准长度为 8m、10m，也可按需确定长度。我国预应力钢筋混凝土桩均为中小断面，大直径管桩尚处于试验阶段，产量也比较低。国外大直径管桩的应用则很广泛。

锥形钢筋混凝土桩。锥形桩在沉桩过程中能起到比等截面桩更多的对土的挤密效应，并可利用其锥面增大桩的侧面摩阻力，从而提高承载力。在桩身体积相同的条件下，其承载力可比等截面桩提高 1 ~ 2 倍，沉降量也降低。这种桩一般长度较小，多用于非饱和填土等软弱土层不太厚、对承载力要求不太高的情况。

螺旋形钢筋混凝土桩。这种桩基通过施加扭矩旋转置入土中，因而可避免冲击沉桩产生的噪声和振动污染。螺旋形可提高桩侧阻力和桩端阻力。当硬持力层较浅且上部土层很软时，可只在桩端部分设螺旋叶片，带螺旋叶片的桩端可用铸铁制成，用销子将其与钢筋混凝土桩管连接，或将铸铁的叶片装在与之混凝土圆柱上。

除此之外，还有结节性钢筋混凝土预制桩，这种桩型主要可以用于防止地震时地基土的液化。钻孔预制桩，采用这种桩型可以降低打桩时引起的振动和噪声污染，避免打桩时产生的挤土效应对周围建筑物的危害，以及克服打桩时硬层难以贯穿等问题。

（二）灌注桩

灌注桩的成桩技术日新月异，就其成桩过程、桩土的相互影响特点大体可分为三种基本类型：非挤土灌注桩、部分挤土灌注桩、挤土灌注桩。每一种基本类型又包含多种成桩方法，现归纳如下：

施工实践表明，我国常用的各种桩型从总体上看，具有以下特点：大直径桩与普通直径桩并存；预制桩与灌注桩并存；非挤土桩、部分挤土桩和挤土桩并存；在非挤土桩中钻孔、冲抓成孔和人工挖孔法并存；在挤土桩中锤击法、振动法和静压法并存；在部分挤土灌注桩的压浆工艺工法中前注浆桩与后注浆桩并存；先进的、现代化的工艺设备与传统的、较陈旧的工艺设备并存；等等。由此可见，各种桩型在我国都有合适的土层地质、环境与需求，也有发展、完善与创新的条件。

二、各种桩基础的施工技术

在选择桩型与工艺时，应对建筑物的特征（建筑结构类型、荷载性质、桩的使用功能、建筑物的安全等级等）、地形、工程地质条件（穿越土层、桩端持力层岩土特性）、水文地质条件（地下水类别、地下水位）、施工机械设备、施工环境、施工经验、各种桩施工法的特征、制桩材料供应条件、造价以及工期等进行综合性研究分析后，并进行技术经济分析比较，最后选择经济合理、安全适用的桩型和成桩工艺。在这里，主要是对钻斗钻成孔灌注桩，振动法沉桩、夯扩桩等一些常用的桩基础施工技术进行分析。

（一）钻斗钻成孔灌注桩

钻斗钻成孔法是20世纪20年代在美国利用改造钻探机械而用于灌注桩施工的方法，钻斗钻成孔施工法是利用钻杆和钻斗的旋转及重力使土屑进入钻斗，土屑装满钻斗后，提升钻斗出土，这样通过钻斗的旋转，削土，提升和出土，多次反复而成孔。

该方法有以下优点：

①振动小、噪音低；

②最适宜黏性土中干作业钻成孔（此时不需要稳定液）；

③钻机安装简单，桩位对中容易；

④施工场地内移动方便；

⑤钻进速度较快；

⑥工程造价较低；

⑦工地边界到桩中心距离较小。

其不足之处是：

①当卵石粒径超过 100mm 时，钻进困难；

②稳定液管理不适当时，会产生坍孔；

③土层中有强承压水时，施工困难；

④废泥水处理困难；

⑤沉渣处理较困难，需用清渣钻斗。

钻斗钻成孔灌注桩适用范围较广，它适用于填土层、黏土层、粉土层、淤泥层、砂土层以及短螺旋不易钻进的含有部分卵石的地层。采用特殊措施，还可嵌入岩层。

施工程序为：

（1）安装钻机；

（2）钻头着地钻孔，以钻头自重并加液压作为钻进压力；

（3）当钻头内装满土、砂后，将之提升上来，开始灌水；

（4）旋转钻机，将钻头中的土倾卸到翻斗车上；

（5）关闭钻头的活门，将钻头转回钻进点，并将旋转体的上部固定；

（6）降落钻头；

（7）埋置导向，灌入稳定液，护筒直径应比桩径大 100mm 以便钻头在孔内上下升降。按土质情况，定出稳定液的配方，如果在桩长范围内的土层都是黏性土时，则可不必灌水或注稳定液，可直接钻进；

（8）将侧面铰刀安装在钻头内侧，开始钻进；

（9）孔完成后，用清底钻头进行孔底沉渣的第一次处理并测定深度；

（10）测定孔壁；

（11）插入钢筋笼；

（12）插入导管；

（13）第二次处理孔底沉渣；

（14）水下灌注混凝土，边灌边拨导管（直径口为 25cm，每节 2 ~ 4m，水压合格），混凝土全部灌注完毕后，拨出导管；

（15）拨出导向护筒成桩。

施工要点为：

①确保稳定液的质量；

②设置表层护筒至少需高出地面 300mm；

③为防止钻斗内的土砂掉落到孔内而使稳定液性质变坏或沉淀到孔底，斗底活门在钻进过程中应保持关闭状态；

④必须控制钻斗在孔内的升降速度，因为如果升降速度过快，水流将会以较快速度由钻斗外侧与孔壁之间的空隙中流过，导致冲刷孔壁；有时还会在上提钻斗时在其下方产生负压而导致孔壁坍塌，所以应按孔径的大小及土质情况来调整钻斗的升降速度。在桩端持力层中钻进时，上提钻斗时应缓慢；

⑤为防止孔壁坍塌，用稳定液并确保孔内高水位高出地下水位 2m 以上；

⑥根据钻孔阻力大小考虑必要的扭矩，来决定钻头的合适转数；

⑦第一次孔底沉渣处理，在钢筋笼插入孔内前进行，一般采用清底钻头，如果沉淀时间较长，则应采用水泵进行浊水循环；

⑧第二次孔底沉渣处理在混凝土灌注前进行，通常采用泵升法，此法较简单，即利用灌注导管，在其顶部接上专用接头，然后用抽水泵进行反循环排渣。

（二）振动法沉桩

偏心块式振动法沉桩是采用偏心块式电动或液压振动锤进行沉桩的施工方法，该类型桩锤通过电力或液压驱动，使两组偏心块做同速相向旋转，其横向偏心力相互抵消，而竖向离心力则叠加，使桩产生向的上下振动，造成桩及桩周土体处于强迫振动状态，从而使桩周土体强度显著降低和桩端处土体挤开，桩侧摩阻力和桩端阻力大大减小，于是桩在桩锤与桩体自重以及桩锤激振力作用下，克服惯性阻力而逐渐沉入土中。

该方法有以下优点：

①操作简便，沉桩效率高；

②沉桩时桩的横向位移和变形均较小，不易损坏桩体；

③电动振动锤的噪声与振动比筒式柴油锤小得多，而液压振动锤噪声低，振动小；

④管理方便，施工适应性强；

⑤软弱地基中沉桩迅速。

其不足之处为：

①振动锤构造较复杂，维修较困难；

②电动振动锤耗电量大，需要大型供电设备；

③液压振动锤费用昂贵；

④地基受振动影响大，遇到硬夹层时穿透困难，仍有沉桩挤土公害。

施工要点为：振动法沉桩与锤击法沉桩基本相同，不同的是采用振动沉拔桩锤进行施工。操作时，桩机就位后吊起桩插入桩位土中，使桩顶套入振动箱连接固定桩帽或用液压夹桩器夹紧，启动振动箱进行沉桩到设计深度。沉桩宜连续进行，以免停歇时间过久而难于沉入。一般控制最后 3 次振动（加压），每次 5min 或 10min，测出每 min 的平均贯入度，当不大于设计规定的数值时，即符合要求。摩擦桩则以沉桩深度符合设计要求深度为止。在施工要注意以下几点：

（1）沉桩中如发现桩端持力层上部有厚度超过 1m 的中密以上的细砂、粉砂和粉土等硬夹层时，可能会发生沉入时间过长或穿不过现象，硬性振入较易损坏桩顶、桩身或桩机，此时应会同设计部门共同研究采取措施。

（2）桩帽或夹桩器必须夹紧桩顶，以免滑动，否则会影响沉桩效率，损坏机具或发生安全事故。

（3）桩架应保持竖直、平正，导向架应保持顺直。桩架顶滑轮、振动箱和桩纵轴必须在同一垂直线上。

（4）沉桩中如发现下沉速度突然减小，此时桩端可能遇上硬土层，应停止下沉而将桩提升 0.5 ~ 1.0m，重新快速振动冲下，以利于穿透硬夹层而继续下沉。

（5）沉桩中控制振动锤连续作业时间，以免动力源烧损。

（三）夯扩桩

夯扩桩是在锤击沉管灌注桩机械设备与施工方法的基础上加以改进，增加 1 根内夯管，按照一定的施工工艺（无桩尖或钢筋混凝土预制桩尖沉管），采用夯扩的方式（一次夯扩、二次夯扩、多次夯扩与全复打夯扩等）将桩端现浇混凝土扩成大头形，桩身混凝土在桩锤和内夯管的自重作用下压密成型的一种桩型。

该方法的优点在于：

①在桩端处夯出扩大头，单桩承载力较高；

②借助内夯管和柴油锤的重量夯击灌入的混凝土，桩身质量高；

③可按地层土质条件，调节施工参数、桩长和夯扩头直径以提高单桩承载力；

④施工机械轻便，机动灵活、适应性强；

⑤施工速度快、工期短、造价低；

⑥无泥浆排放。

不足之处在于：

①遇中间硬夹层，桩管很难沉入；

②遇承压水层，成桩困难；

③振动较大，噪声较高；

④属挤土桩，设桩时对周边建筑物和地下管线产生挤土效应；

⑤扩大头形状很难保证与确定。

其施工要点分三个部分注意。

首先是混凝土制作与灌注部分，要注意：①混凝土的坍落度扩大头部分以 40 ~ 60mm 为宜，桩身部分以 100 ~ 140mm（d≤426mm）及 80 ~ 100mm（d≥450mm）为宜；②扩大头部分的灌注应严格按夯扩次数和夯扩参数进行。③当桩较长或需配置钢筋笼时，桩身混凝土宜分段灌注，混凝土顶面应高出桩顶 0.3 ~ 0.5m。

其次是拔管部分，要注意：①在灌注混凝土之前不得将桩管上拔，以防管内渗水；②以含有承压水的砂层作为桩端持力层时，第 1 次拔管高度不宜过大；③拔外管时应将内夯管和桩锤压在超灌的混凝土面上，将外管缓慢均匀地上拔，同时将内夯管徐徐下压，直至同步终止于施工要求的桩顶标高处，然后将内外管提出地面；④拔管速度要均匀，对一般土层以 1 ~ 2m/min 为宜，在软弱土层中和软硬土层交界处以及扩大头与桩身连接处宜适当放慢。最后是打桩顺序，要注意打桩顺序的安排应有利于保护已打入的桩不被压坏或不产生较大的桩位偏差。夯扩桩的打桩顺序可参考钢筋混凝土预制桩的打桩顺序。除此之外，还不能忽视对桩管入土深度的控制和挤土效应的重视。

除以上几种常用的桩基础施工技术之外，因为桩基础的分类和成桩的方法很多，以及不同的场地，不同的地质条件等，还有很多种桩基的施工技艺，鉴于篇幅原因，暂不放入此文内讨论，将在以后的学习和工作中，继续探究和累计经验。

第三节　岩土锚固施工技术

一、锚孔钻造

1. 锚孔测量放样的具体要求是要依照设计的点号来进行拉线量尺，再与水准测量放线，而且要利用油漆和铁纤维准确标记位置。

2. 钻机的方位要求严格遵循设计方位、孔位以及倾角准确就位，利用测角量具掌控角度，方位误差范围在 ±2° 内，而钻机轨倾角误差范围在 ±1° 内。

3. 在钻进过程中，需要利用无水干钻，严格把握钻进时速，以备钻孔扭曲、变径或偏斜。

4. 在锚孔钻进中，要做好现场施工的详细的记录，例如对钻速、钻压、地下水与地层情况等的记录。

5. 在钻孔孔径中，孔深不小于所设计的数值，超钻 14 ~ 45cm，当达到设计深度都要立即停钻，稳钻要停留 3 到 5 分钟，预防孔底尖灭，同时还要进行锚孔的清洗。

6. 在钻孔的过程中，对于塌孔处理，如果遇到塌孔现象可以选用两种方法进行处理，首先需要下套管，也就是通常所说的跟管钻进，利用这样的方法虽然工序速度较慢，工序也比较多，但这样的方法十分可靠；另外，通过注浆再钻，如果塌孔现象发生时，拔出钻杆在进行孔内注浆，注浆压力稳定在 0.1 到 0.3Mpa，在注浆的 1 2 小时的工作日到 1 天的工作日后才能进行重新钻孔。

7. 在硬度不均衡的风化岩层中及其容易发生卡钻现象，对于卡钻处理的方式主要是通过钻机来回启动，用高压风吹净孔内碎石再钻进，成拔出钻杆。

8. 当锚孔钻造完成之后，要对现场监理进行严格的检查，这样才能开展下一个锚筋体的工艺。

二、锚筋制安

1. 对锚筋下材的具体要求有允许的误差范围在 45mm 之内，下材要准确整齐，对预留的张拉段钢材约 2m，对于不同的标记采用机械切割下材。

2. 严格控制挤压工艺，要对挤压簧、挤压套配装进行准确定位，要充分均匀地进行挤压顶推进，要对样本中的 5% 的样本来检测，还要保证单根挤压的强度不少于 200KN。

3. 要保障承载体组装定位精确，限位片、挤压头以及承载板进行牢固拴接。

4. 对于架线环间距的长度应确定在 1m ~ 1.5m 之间，还要求进行牢固绑接，定位准确，而且锚孔中要建一个架线环。

5. 要对注浆穿梭安装进行精确地定位，要进行结实稳固的绑扎。

6. 对锚筋体的安置需要排列均匀，顺直，还要挂牌号等待检查。

7. 在进行锚筋体安装的过程中，要求按方位平顺和设计倾角推进，禁止串动、扭转和抖动，预防在中间卡阻和散束。如果发现阻力比较多的时候，有可能是由于孔内碎石没有吹洗干净，这时需要拔出锚索，用高压风吹干净后，再放进去，让锚索长度达到设计规定的要求。

三、锚孔灌浆

1. 注浆材料必须依照相关规定以及符合设计的要求进行检验。在注浆作业中途或开始停止时间较长的时候再进行作业的时候，最好利用水泥或水稀浆注浆管路及润滑注浆泵。

2. 在实施注浆作业的过程中，需要做好现场施工的详细注浆记录，每次的注浆都要进行强体测试，而且不能少于两组。当浆体强度没有达到 80% 的时候，不可以再锚筋体的端头拉绑碰撞和悬挂重物。

3. 锚孔注浆需要运用孔底返浆法进行注浆，其压力通常定为 2.0 兆帕，直到孔口开始溢浆，禁止抽拔孔口注浆或注浆管，假如看到孔口浆面有所回落后，需要在半小时内对孔底压注补浆 2 ~ 3 次，保障孔口浆体装满。

4. 当锚孔钻造完成之后，要立即对锚孔注浆和筋体进行安装，最好不要超过一个工作日的时间。

5. 注浆液要严格按照比例还进行搅拌，随时搅拌随时能用到，注浆浆体的强度不少于 45Mpa，还要严格按照批次进行备制试件。

四、钢筋制安

1. 当钢筋进场的时候，需要立即做学性能检测试验，要保证其质量达到设计的标准与要求。

2. 加工钢筋的尺寸、形态要达到设计标准，其中有稍许误差都要在相关的标准范围内。

3. 在对钢筋进行安装的过程中，要使得受力钢筋的级别、品种、数量和规格都要达到标准，要精确而且稳定地进行钢筋安装，要保证保护层的厚度，而且要满足相关的规定进行具体要求。

4. 在对混凝土进行灌注之前，要先将锚具垫板、波纹管以及螺旋钢筋依照所设计的要求进行绑定，锚孔的方向一致并且摆放稳固平整。

五、混凝土浇筑

1. 水泥进场时，对其出厂日期、级别、包装、品种等进行仔细检查，对水泥的安全性、强度等性能指标进行严格复查。

2. 在使用混凝土所使用的细、粗骨料规格与质量都要求符合相关规范并按照规定进行抽样检查。

3. 在搅拌混凝土的时候，最好选用饮用水，如果要选用其他水源的时候，要对水源做检测，要达到规定的标准方可使用。

4. 在浇筑施工之前，要配合实验与设计，按照要求的强度进行设计。

5. 混凝土要设立整套的保护措施，要确保施工人员的推、提、拉、运的安全。

6. 在进行锚斜托浇筑的施工过程中，需要选用专业的模具以此来保证工程效果与结构强度。

7. 当浇筑完混凝土之后，需要立即进行保养爱护的措施。

六、锚垫墩及框架梁浇筑

1.锚垫墩及框架梁采用整体浇筑施工法,按照图纸,注意框架梁嵌入边坡体的深度。现在浇筑时,注意混凝土振捣,为保证混凝土密实,应该在锚孔周围钢筋较密处仔细振捣。注意两相邻框架梁入预留 2～3cm 伸缩缝,每隔 10.5m 设置一道,缝内用沥青木板填充,伸缩缝设在横梁中部。

2.在锚索框架梁施工有三个施工要点:第一,在进行钢筋安装锚垫板时,有一个重要的工序,即锚斜拖的安装,制作专用的锚板使锚斜拖突出框架梁的表面,与锚索方向垂直;第二,在做砂浆垫层时,在需要做钢绞线砼框架处的板面上要进行平整,凸出的地方要刻槽,遇到局部架空处要用浆砌片石进行填补;第三,需要采用组合钢模板,以保证框架梁体尺寸准确。

七、锁定锚筋的张拉

1.台座混凝土和锚固体强度所要达到的强度要超过70%时,才能进行张拉锁定作业。举例来说,在进行抽检锚固钻孔的时候,要达到设计强度才能在验收试验后进行作业。

2.对锚筋的张拉设备必须要选用专用设备,还要在进行张拉作业之前,对张拉机设备进行标定,以保证检查通过。

3.在正式张拉之前,要选用 15% 的设计张拉荷载,张拉一两次之后,让这些部位接触变紧,刚绞线也完全变平直。

4.依据设计次序来看,锚索张拉分单元地运用了有差异性的分步张拉,计算确定差异荷载要根据锚筋长度与设计荷载来计算。

在不足差异荷载之后,锚索的预应力可以分为五个等级,依照相关规定,分别为设计荷载的 110%、100%、75%、50% 以及 25%。锚索锁定后 2 个工作日之内,如果看到了显著的预应力的破损,就要进行及时的补救和张拉。

第四节　地下连续墙施工技术

地下连续墙是基础工程在地面上采用一种挖槽机械,沿着深开挖工程的周边轴线,在泥浆护壁条件下,开挖出一条狭长的深槽,清槽后,在槽内吊放钢筋笼,然后用导管法灌筑水下混凝土筑成一个单元槽段,如此逐段进行,在地下筑成一道连续的钢筋混凝土墙壁,作为截水、防渗、承重、挡水结构。

一、分类

（一）按成墙方式可分为：1. 桩排式；2. 槽板式；3. 组合式。

（二）按墙的用途可分为：1. 防渗墙；2. 临时挡土墙；3. 永久挡土（承重）；4. 作为基础。

（三）按墙体材料可分为：1. 钢筋混凝土墙；2. 塑性混凝土墙；3. 固化灰浆墙；4. 自硬泥浆墙；5. 预制墙；6. 泥浆槽墙；7. 后张预应力墙；8. 钢制墙。

（四）按开挖情况可分为：1. 地下挡土墙（开挖）；2. 地下防渗墙（不开挖）。

由于受到施工机械的限制，地下连续墙的厚度具有固定的模数，不能像灌注桩一样根据桩径和刚度灵活调整。因此，地下连续墙只有在一定深度的基坑工程或其他特殊条件下才能显示出经济性和特有优势。一般适用于以下条件：

1. 开挖深度超过 10 米的深基坑工程。

2. 围护结构亦作为主体结构的一部分，且对防水、抗渗有较严格要求的工程。

3. 采用逆作法施工，地上和地下同步施工时，一般采用地下连续墙作为围护墙。

4. 邻近存在保护要求较高的建(构)筑物，对基坑本身的变形和防水要求较高的工程。

5. 基坑内空间有限，地下室外墙与红线距离极近，采用其他围护形式无法满足留设施工操作要求的工程。

6. 在超深基坑中，例如 30m ~ 50m 的深基坑工程，采用其他围护体无法满足要求时，常采用地下连续墙作为围护结构。

二、作用

1. 挡土作用。在挖掘地下连续墙沟槽时，接近地表的土极不稳定，容易坍陷，而泥浆也不能起到护壁的作用，因此在单元槽段挖完之前，导墙就起挡土墙作用。

2. 作为测量的基准。它规定了沟槽的位置，表明单元槽段的划分，同时亦作为测量挖槽标高、垂直度和精度的基准。

3. 作为重物的支承。它既是挖槽机械轨道的支承，又是钢筋笼、接头管等搁置的支点，有时还承受其他施工设备的荷载。

4. 存蓄泥浆。导墙可存蓄泥浆，稳定槽内泥浆液面。泥浆液面应始终保持在导墙面以下 20cm，并高于地下水位 1.0m，以稳定槽壁。

5. 防止泥浆漏失；防止雨水等地面水流入槽内。

三、特点

（一）优点

地下连续墙之所以能够得到如此广泛的应用，是因为它具有十大优点：

1. 工效高、工期短、质量可靠、经济效益高。

2. 施工时振动小，噪音低，非常适于在城市施工。

3. 占地少，可以充分利用建筑红线以内有限的地面和空间，充分发挥投资效益。

4. 防渗性能好，由于墙体接头形式和施工方法的改进，使地下连续墙几乎不透水。

5. 可用于逆作法施工。地下连续墙刚度大，易于设置埋设件，很适合于逆做法施工。

6. 可以贴近施工。由于具有上述几项优点，使我们可以紧贴原有建筑物建造地下连续墙。

7. 用地下连续墙作为土坝、尾矿坝和水闸等水工建筑物的垂直防渗结构，是非常安全和经济的。

8. 墙体刚度大，用于基坑开挖时，可承受很大的土压力，极少发生地基沉降或塌方事故，已经成为深基坑支护工程中必不可少的挡土结构。

9. 适用于多种地基条件。地下连续墙对地基的适用范围很广，从软弱的冲积地层到中硬的地层、密实的沙砾层，各种软岩和硬岩等所有的地基都可以建造地下连续墙。

10. 可用作刚性基础。地下连续墙不再单纯作为防渗防水、深基坑围护墙，而且越来越多地用地下连续墙代替桩基础、沉井或沉箱基础，承受更大荷载。工效高、工期短、质量可靠、经济效益高。

（二）缺点

1. 在城市施工时，废泥浆的处理比较麻烦。

2. 地下连续墙如果用作临时的挡土结构，比其他方法所用的费用要高些。

3. 如果施工方法不当或施工地质条件特殊，可能出现相邻墙段不能对齐和漏水的问题。

4. 在一些特殊的地质条件下（如很软的淤泥质土，含漂石的冲积层和超硬岩石等），施工难度很大。

四、操作流程

在槽段开挖前，沿连续墙纵向轴线位置构筑导墙，采用现浇混凝土或钢筋混凝土浇筑。

导墙深度一般为 1.2 ~ 1.5m，其顶面略高于地面 10 ~ 15cm，以防止地表水流入导沟。导墙的厚度一般为 100 ~ 200mm，内墙面应垂直，内壁净距应为连续墙设计厚度加施工余量（一般为 40 ~ 60mm）。墙面与纵轴线距离的允许偏差为 ±10mm，内外导墙间距允许偏盖 ±5mm，导墙顶面应保持水平。

导墙宜筑于密实的黏性土地基上。墙背宜以土壁代模，以防止槽外地表水渗入槽内。如果墙背侧需回填土时，应用黏性土分层夯实，以免漏浆。每个槽段内的导墙应设一溢浆孔。

在挖基槽前先作保护基槽上口的导墙，用泥浆护壁，按设计的墙宽与深分段挖槽，放置钢筋骨架，用导管灌注混凝土置换出护壁泥浆，形成一段钢筋混凝土墙。逐段连续施工成为连续墙。施工主要工艺为导墙、泥浆护壁、成槽施工、水下灌注混凝土、墙段接头处理等。

（一）导墙

导墙通常为就地灌注的钢筋混凝土结构。主要作用是：保证地下连续墙设计的几何尺寸和形状；容蓄部分泥浆，保证成槽施工时液面稳定；承受挖槽机械的荷载，保护槽口土壁不破坏，并作为安装钢筋骨架的基准。导墙深度一般为 1.2 ~ 1.5 米。墙顶高出地面 10 ~ 15 厘米，以防地表水流入而影响泥浆质量。导墙底不能设在松散的土层或地下水位波动的部位。

（二）泥浆护壁

通过泥浆对槽壁施加压力以保护挖成的深槽形状不变，灌注混凝土把泥浆置换出来。泥浆材料通常由膨润土、水、化学处理剂和一些惰性物质组成。泥浆的作用是在槽壁上形成不透水的泥皮，从而使泥浆的静水压力有效地作用在槽壁上，防止地下水的渗水和槽壁的剥落，保持壁面的稳定，同时泥浆还有悬浮土渣和将土渣携带出地面的功能。

在沙砾层中成槽必要时可采用木屑、蛭石等挤塞剂防止漏浆。泥浆使用方法分静止式和循环式两种。泥浆在循环式使用时，应用振动筛、旋流器等净化装置。在指标恶化后要考虑采用化学方法处理或废弃旧浆，换用新浆。

（三）成槽施工

中国使用成槽的专用机械有旋转切削多头钻、导板抓斗、冲击钻等。施工时应视地质条件和筑墙深度选用。一般土质较软，深度在 15 米左右时，可选用普通导板抓斗；对密实的砂层或含砾土层可选用多头钻或加重型液压导板抓斗；在含有大颗粒卵砾石或岩基中成槽，以选用冲击钻为宜。槽段的单元长度一般为 6 ~ 8 米，通常结合土质情况、钢筋骨架重量及结构尺寸、划分段落等决定。成槽后需静置 4 小时，并使槽内泥浆比重小于 1.3。

（四）水下灌注混凝土

采用导管法按水下混凝土灌注法进行，但在用导管开始灌注混凝土前为防止泥浆混入混凝土，可在导管内吊放一管塞，依靠灌入的混凝土压力将管内泥浆挤出。混凝土要连续灌注并测量混凝土灌注量及上升高度。所溢出的泥浆送回泥浆沉淀池。

（五）墙段接头处理

地下连续墙是由许多墙段拼组而成，为保持墙段之间连续施工，接头采用锁口管工艺，即在灌注槽段混凝土前，在槽段的端部预插一根直径和槽宽相等的钢管，即锁口管，待混凝土初凝后将钢管徐徐拔出，使端部形成半凹榫状接状。也有根据墙体结构受力需要而设置刚性接头的，以使先后两个墙段联成整体。

五、发展

中国的成槽机械发展得很快，与之相适应的成槽工法层出不穷；有不少新的工法已经不再使用膨润土作为泥浆；墙体材料已经由过去以混凝土为主的局面而转向多样化发展；不再单纯地用于防渗或挡土支护，越来越多地作为建筑物的基础。

经过几十年的发展，地下连续墙的技术已经相当成熟，其中日本在此项技术上最为发达，已经累计建成了1500万平方米以上，目前地下连续墙的最大开挖深度为140m，最薄的地下连续墙厚度为20cm。1958年，我国水电部门首先在青岛丹子口水库用此技术修建了水坝防渗墙，到2013年为止，全国绝大多数省份都先后应用了此项技术，估计已建成地下连续墙120万～140万平方米。地下连续墙已经并且正在代替很多传统的施工方法，而被用于基础工程的很多方面。在它的初期阶段，基本上都是用作防渗墙或临时挡土墙。通过开发使用许多新技术、新设备和新材料，越来越多地用作结构物的一部分或用作主体结构，2003年到2013年前后更被用于大型的深基坑工程中。

第五节　非开挖技术

一、施工准备

1. 顶管工作井施工，井内设集水坑，便于抽排积水。
2. 后靠背设置，工作井基础设定后，根据管道走向设置后靠背。

3. 导轨安装，导轨安装牢固与准确对管子的顶进质量有较大的影响，因此导轨安装依据管径大小、管道坡度、顶进方向确定，顶进方向必须平直，标高、轴线准确。导轨可用轻型钢轨制作。

4. 顶进设备采用千斤顶，头部设刃口工具管，起切土作用并保护管道及导向作用。为防止土体坍塌，在工具管内设格栅。

5. 其他设备工作坑上方设活动式工作平台，一般采用 30 号槽钢作梁，上铺方木。下管采用临时吊车吊运下管，出土采用摇头扒杆。

6. 注意：顶管工作坑四周必须采用围护措施，采用彩钢瓦围护，雨帆布防护，并设醒目警示标牌。顶进时，过往车辆应减速慢行，且禁止大吨位、重载车辆通行。

二、非开挖技术的特点

现代非开挖地下管线施工技术，是近年来发展起来的一项高新技术，是钻探工程技术结合工程物探、计算机技术、岩土工程技术及新材料等技术的一项重要延伸。非开挖技术在国外已广泛使用，在国内也逐渐普及。与其他技术相比，非开挖技术起步较晚。但是在最近 20 多年中，非开挖技术无论在理论上，还是在施工工艺方面，都有了突飞猛进的发展。非开挖技术是极为重要的一种铺设管道的工程手段，采用非开挖技术铺设管道具有若干得天独厚的优势。

不开挖地面就能穿越公路、铁路、河流，甚至能在建筑物底下穿过，是一种安全有效的施工技术。

非开挖技术不开挖地面，故而被铺设管道的上部土层未经扰动，管道的管节端不易产生段差变形，其管道寿命亦大于开挖法埋管。

采用房下非开挖技术能节约一大笔征地拆迁费用，减少动迁用房，缩短管线长度，有很大经济和社会效益。

三、非开挖技术的构成分类

非开挖技术可分为三大类：铺设新管线、修复置换旧管线、探测原有管网。

1. 铺设新管线施工技术

铺设新管线施工技术包括导向钻进铺管法、定向钻进铺管法、气动矛铺管法、夯管锤铺管法、螺旋钻进铺管法、推挤顶进铺管法、微型隧道铺管法、盾构法和顶管法。

2. 修复旧管线施工技术

修复旧管线施工技术包括原位固化法、原位换管法、滑动内插法、变形再生法、局部修复法。

3.探测地下管网

探测地下管网包括地下管线探测仪（非金属管道探测仪、金属管道探测仪、塑料管道探测仪、电力电信缆线探测仪和井盖探测仪等）、供水管网监测仪（流量水压记录仪、漏区诊断仪、漏点定位仪等）、电信线路故障定位仪、气体故障检测仪、管中摄影仪、探地雷达、声呐系列。

四、非开挖技术应用

现代非开挖技术发展虽然仅 20 多年的时间，但其施工工艺技术的先进性、优越性所带来的经济效益和社会效益已举世瞩目，同时也激励了非开挖技术的不断更新，其应用领域不断拓展。

1.穿越江河、机场、铁路、公路、建筑等铺设各种地下管线；

2.隧道的管棚支护、微型钻孔桩施工等；

3.水平注浆、水平降水、地下污染层处理；

4.煤层瓦斯抽排放孔施工；

5.修复置换旧管线；

6.探测查找地下管网。

五、主要非开挖技术

（一）导（定）向钻进铺管法

定向钻进的基本原理：按预先设定的地下铺管轨迹钻一个小口径先导孔，随后在先导孔出口端的钻杆头部安装扩孔器回拉扩孔，当扩孔至尺寸要求后，在扩孔器的后端连接旋转接头、拉管头和管线，回拉铺设地下管线。

水平定向钻进铺管的施工顺序为：地质勘探—规划和设计钻孔轨迹—配制钻液—钻先导孔—回拉扩孔—回拉铺管—管端处理。

1.地层勘察、地下建（构）筑物及地下管线探测

地层勘察主要了解有关地层和地下水的情况，为选择钻进方法和配制钻液提供依据。其内容包括土层的标准分类、孔隙度、含水性、透水性以及地下水位、基岩深度和含卵砾石情况等。可采用查资料、开挖和钻探、物探等方法获取。

地下管线探测主要了解有关地下已有管线和其他埋设物的位置，为管线设计和设计钻进轨迹提供依据。一般采用综合物探法，按其定位原理分为电磁法、直流电法、磁法、地震波法和红外辐射法等，并结合钻探、静力触探、土工实验等技术。

2. 钻进轨迹的规划与设计

导向孔轨迹设计是否合理对管线施工能否成功至关重要。钻孔轨迹的设计主要是根据工程要求、地层条件、地形特征、地下障碍物的具体位置、钻杆的入出土角度、钻杆允许的曲率半径、钻头的变向能力、导向监控能力和被铺设管线的性能等，给出最佳钻孔路线。

3. 配制钻液

钻液具有冷却钻头（冷却和保护其内部传感器、润滑钻具），更重要的是可以悬浮和携带钻屑，使混合后的钻屑成为流动的泥浆顺利地排出孔外，既为回拖管线提供足够的环形空间，又可减少回拖管线的重量和阻力。残留在孔中的泥浆可以起到护壁的作用。

在不同的地质条件下，需要不同成分的钻液。钻液由水、膨润土和聚合物组成。水是钻液的主要成分，膨润土和聚合物通常称为钻液添加剂。钻液的品质越好与钻屑混合越适当。当遇到不同地层时，及时调整钻液的性能以适应钻孔要求。

4. 钻导向孔

利用造斜或稳斜原理，在地面导航仪引导下，按预先设计的铺管线路，由钻机驱动带楔形钻头的钻杆，从 A 点到 B 点。

钻导向孔的关键技术是钻机、钻具的选择和钻进过程的监测和控制。要根据不同的地质条件以及工程的具体情况，选择合适的钻机、钻具和钻进方法来完成导向孔地钻进。

监测与控制：在钻进导向孔时能否按设计轨迹钻进，钻头的准确定位及变向控制非常重要。钻进过程中对钻头的监测方法主要通过随钻测量技术获取孔底钻头的有关信息。孔底信号传送的方法主要有电缆法和电磁波法。电磁波法的测量范围较小，一般在300m 以内水平发射距离，测量深度在 15m 左右。电磁波法测量的原理为：在导向钻头中安装发射器，通过地面接收器，测得钻头的深度、鸭嘴板的面向角、钻孔顶角、钻头温度和电池状况等参数，将测得参数与钻孔轨迹进行对比，以便及时纠正。地面接收器具有显示与发射功能，将接收到的孔底信息无线传送至钻机的接收器并显示，以便操作手能控制钻机按正确的轨迹钻进。目前，电磁波法在中小型钻机上应用较多，缺点是必须随钻跟踪监控。电缆法在长距离穿越中，特别是地形复杂的工程中应用较多。优点是抗干扰能力强，不要随钻跟踪；但其操作复杂，选用的信号线必须强度高（不易拉断、耐磨、绝缘性能好）。

5. 回拉扩孔

导向孔钻成孔后，卸下钻头，换上适当尺寸和符合地质状况的特殊类型的回扩钻头，使之能够在拉回钻杆的同时，又可将钻孔扩大到所需尺寸。一般采用逐级扩孔；预埋管径以内采用排土法扩孔，以外采用挤压法成孔，以保证铺管后地面不至于沉降，不留隐患。在回扩过程中和钻进过程一样，自始至终泥浆搅拌系统要向钻头和回扩钻头提供足够的泥浆。

扩孔器类型有桶式、飞旋式、刮刀式等：穿越淤泥黏土等松软地层时，选择桶式扩孔器较适宜，扩孔器通过旋转，将淤泥挤压到孔壁四周，起到很好的固孔作用；当地层较硬时，选择飞旋或刮刀式扩孔器成孔较好。一般要求选择的最大扩孔器尺寸按下表考虑。或按铺设管径的 1.2 ~ 1.5 倍，这样能够保持泥浆流动畅通，保证管线能安全、顺利的拖入孔中。

6. 铺管

扩孔完毕，在拖管坑一端的钻杆上，再装扩孔器与管前端通万向接、特制拖头等连接牢固，启动导向钻机回拉钻杆进行拖管，将预埋管线拖入孔内，完成铺管工作。在拖管的同时加入专用防润土进行泥浆护壁。在条件许可的情况下，可将全部管线一次性连接。

7. 管端处理

当拖管结束后，采用挖掘机将扩孔器及管前端挖出，拆除扩孔器及万向接，处理造斜段，施工检查井，恢复路面，清场。

8. 施工注意事项

（1）定向钻进施工前应掌握施工位置的地质状况，选择适当结构的钻头。

（2）仔细清查钻进轨迹中的地下管线情况，掌握地下管线的埋深、管线类型和管线材料，根据实际情况编制施工方案。

（3）导向孔施工前应对导向仪进行标定或复检，以保证探头精度。

（4）导向孔每 3 米测一次深度，如发现偏差应及时调整，以确保导向孔偏差在设计范围内。

（5）拖拉管线前应做好安全辅助工作，特别是拖拉非金属管线时，避免损伤管材。

（6）管线拖拉完毕后，应按管道试压规程进行试压，验收合格后方可进行管道接驳。

（二）顶管铺管法

顶管铺管法是依靠安装在管道头部的钻掘系统不断地切削土屑，由出土系统将切削的土屑排出，边顶进，边切削，边输送，将管道逐段向前铺设，在顶进的过程中通过激光导向系统纠偏来调节铺管方向。

顶管法的技术特点：

1. 噪音以及震动都很小；

2. 可以在很深的地下敷设管道；

3. 对施工周边的影响很小；

4. 可以穿越障碍物。

（三）盾构铺管法盾构法

盾构铺管盾构法是隧道暗挖施工法的一种，它是利用盾构机前端是与盾构机体同等直径的刀盘，在与土壤接触时进行旋转，并加入适量的液体，使切削下来的土与液体在刀盘旋转的搅拌作用下，成为泥状流塑体，通过螺旋输送机送到地面。机头前进后，在机后留出的空间里，把提前预制好的混凝土管片拼装成环状。盾构法施工具有施工速度快、洞体质量比较稳定、对周围建筑物影响较小等特点，适合在软土地基段施工。盾构法施工的基本条件：1. 线位上允许建造用于盾构进出洞和出碴进料的工作井；2. 隧道要有足够的埋深，覆土深度宜不小于 6m；3. 相对均质的地质条件；4. 从经济角度讲，连续的施工长度不小于 300m。

（四）气动矛铺管法

气动矛由钢质外套（矛体、活塞和配气装置）组成。气动矛在压缩空气作用下，矛体内的活塞做往复运动，不断冲击矛头，矛头在土层中挤压周围土体，形成钻孔并带动矛体前进。形成钻孔后可以直接将待铺管道拉入，也可通过拉扩法将钻孔扩大，以便铺设更大直径的管道。

气动矛技术特点：

1. 设备简单，操作方便，投资少；

2. 可铺设 PE 管、PVC 管和钢管；

3. 适用于短距离（30m 以内）、小直径管道的穿越铺设；

4. 适合在狭小空间内施工。

（五）无缝衬装置换法

无缝衬装置换法是一种维修管道的施工方法，是将直径大于或等于原有管道管径的 PE 管衬入管道内，所使用的 PE 管一般为低、中密度的薄壁聚乙烯管材。管道衬装前要想办法减小管的截面积。截面变化的变形可以是弹性的，也可以是半永久的塑性的，方法有两种，一种是将 PE 管拉长，以减小管径，从而减小截面积，PE 管衬入后，由于不再受拉力的作用，长度将缩短，管径将变大，复原后内衬管线将与原有管线紧紧套在一起，两层管线之间不再需要灌水泥沙浆固定。减小内衬管截面积的另一种方法是将管道横截面变形，可在 PE 管出厂前通过专用的设备将横截面变为"U"或"C"字形，也可以在施工现场拉入 PE 管前将 PE 管沿管壁圆周方向扭曲，从而达到变形的目的。变形后的管道可以按滑（拉）入衬装的方法由卷扬机拉入，然后再利用气压水压或高温水的作用将变形的管线复原。施工中需具备的条件：无缝衬装需要较高的技术水平，要精确计算内衬 PE 的管的横截面变化情况，同时，PE 管衬装还需要对接热熔焊机及特制的内衬管缩径钢模或扭曲钢模等特殊的设备。

（六）管道翻衬置换法

管道翻衬的内衬材料一般是由较柔韧的聚合物、玻璃纤维布或无纺纤维等多孔材料做骨架，饱和浸渍树脂材料而成，材料的外层一般覆盖一层隔水膜，翻转衬入管道后，该隔水膜成为新管道的内层，主要起止水作用。翻转在水压、气压或卷扬机拉力的作用下，内衬材料反转进入管道的内壁，完成后，在热水水温的作用下，树脂固化，内衬材料形成坚硬的管道内壁，成为管道骨架的一部分。施工中需具备的条件：管道翻衬的特点是施工简单，占地少，无须投入专用的设备，一次翻衬的长度可达几百米，翻衬完成后，在支管、消火栓、阀门等处要挖工作坑进行人工开孔，也可通过专用设备开口。但翻衬施工的工期较长，且由于给水管道中的水质要求较高，用于给水管道上的内衬骨架材料和树脂是有限制的，应加以慎重选择。

（七）爆（碎）管衬装置换法

该方法主要适用于原有管线为易脆管材，如灰口铸铁管等，且管道老化严重的情况。新管的管径可以比原有管道管径大，具体施工方法是将碎管设备放入旧管中，由卷扬机拉动沿旧管前进，沿途由碎管设备将旧管破碎，在碎管设备后连着扩管头，扩管头的管径比原有旧管大，负责将破碎的旧管压入周围的土壤中，紧跟着是内衬管线，一般为PE管材，管径小于扩管头，在卷扬机的拉动下拖入原有管道的管位。施工设备有许多种，大致可以分为三类：一类为气动碎管设备、一类为液压碎管设备，一类为刀具切割碎管设备。其中刀具切割碎管设备较为常用，其结构由半径大于原有管道的切割圆周向的切割刀具构成，在切割刀具后面紧接衬装新管。另一种为液压碎管设备，操作简便。碎管衬装完全摆脱了PE管内衬时减小过水能力的缺点，其施工工期较短，一次安装的长度可达几百米，在支管、消火栓、阀门等处需要局部开挖。对于埋深较浅的管线，碎管设备的震动可能会对地面造成影响。

第六章　岩土工程勘察认知

　　岩土工程勘察是各类工程建设中重要的必不可少的工作，是建筑工程设计和施工的基础。由于工程类别不同、工程规模大小不同，勘察设计、施工要求也有所不同，岩土工程勘察工作质量好坏，将直接影响到建设工程效应。预备知识学习就是要初学者了解进行岩土工程勘察工作所必备的勘察基本常识、基本技术要求和所依据的规范及标准，为进一步学习岩土工程勘察相关知识和掌握勘察基本技能做好铺垫，为今后更好地开展岩土工程勘察工作和工程建设服务奠定良好基础。

第一节　岩土工程勘察基本知识

一、岩土工程及岩土工程勘察

　　1. 岩土工程

　　（1）岩土工程的含义

　　岩土工程是欧美国家于20世纪60年代在土木工程实践中建立起来的一种新的技术体制，是解决岩体与土体工程问题，包括地基与基础、边坡和地下工程等问题的一门学科。

　　岩土工程是以土力学、岩石力学、工程地质学和基础工程学的理论为基础，由地质学、力学、土木工程、材料科学等多学科相结合形成的边缘学科，同时又是一门地质与工程紧密结合的学科，主要解决各类工程中关于岩石、土的工程技术问题。就其学科的内涵和属性来说，属于土木工程的范畴，在土木工程中占有重要的地位。

　　（2）工作内容及研究对象

　　按照工程建设阶段划分，岩土工程可分为岩土工程勘察、岩土工程设计、岩土工程治理、岩土工程监测、岩土工程检测。

　　岩土工程的研究对象是岩土体，主要包括岩土体的稳定性、地基与基础、地下工及岩土体的治理、改造和利用等。这些研究通过岩土工程勘察、设计、施工与监测、地质灾害治理及岩土工程监理六个方面来实现。

在我国建设事业快速发展的带动下，岩土工程技术也取得了长足的进步。无论是岩土力学的理论研究，还是在岩土工程勘察测试技术、地基基础工程、岩土的加固和改良等方面都取得了十分明显的进步，许多方面已经达到或接近国际先进水平。但我们与发达国家之间还存在一定差距，需要中国岩土工作者继续努力。

2. 岩土工程勘察

岩土体作为一种特殊的工程材料，不同于混凝土、钢材等人工材料。它是自然的产物，随着自然环境的不同而不同，从而表现出不同的工程特性。这就造成了岩土工程的复杂性和多变性，而且土木工程的规模越大，岩土工程问题就越突出、越复杂。在实际工程中，岩土问题、地基问题往往是影响投资和制约工期的主要因素，如果处理不当，就可能会带来灾难性的后果。随着人类土木工程规模的不断扩大，岩土工程有了不同的分支学科，岩土工程勘察就是岩土工程学科的一门重要的分支学科。

岩土工程勘察是根据建设工程的要求，查明、分析、评价建设场地的地质、环境特征和岩土工程条件，编制勘察文件的活动。

岩土工程勘察为满足工程建设的要求，具有明确的工程针对性和需要一定的技术手段，不同的工程要求和地质条件，应采用不同的技术方法。

任何一项土木工程在建设之初，都要进行建筑场地及环境地质条件的评价。根据建设单位的要求，对建筑场地及环境进行地质调查，为建设工程服务，最终提交岩土工程勘察报告的过程就是岩土工程勘察的主要工作内容。

根据工程项目类型的不同可分为房屋建筑勘察、水利水电工程勘察、公路工程和铁路工程勘察、市政工程勘察、港口码头工程勘察等；根据地质环境的地质条件不同可分为不良地质现象的勘察和特殊土的勘察等。

二、岩土工程勘察的目的和任务

1. 岩土工程勘察的目的

岩土工程勘察是岩土工程技术体制中的一个首要环节，是指根据建设工程的要求，查明、分析、评价建设场地的地质、环境特征和岩土工程条件，编制勘察文件的活动。各项工程建设在设计和施工之前，必须按基本建设程序进行岩土工程勘察。其目的就是查明建设场地的工程地质条件，解决工程建设中的岩土工程问题，为工程建设服务。

不同于一般的地质勘查，岩土工程勘察需要采用工程地质测绘与调查、勘探和取样、原位测试、室内实验、检验和检测、分析计算、数据处理等技术手段，其勘察对象包括岩土的分布和工程特征、地下水的赋存及其变化、不良地质作用和地质灾害等地质、环境特征和岩土工程条件。

传统的工程地质勘查主要任务是取得各项地质资料和数据，提供给规划、设计、施工和建设单位使用。具体地说，工程地质勘查的主要任务有：

（1）阐明建筑场地的工程地质条件，并指出对工程建设有利和不利因素。

（2）论证建筑物所存在的工程地质问题，进行定性和定量的评价，做出确切结论。

（3）选择地质条件优良的建筑场地，并根据场地工程地质条件对建筑物平面规划布置提出建议。

（4）研究工程建筑物兴建后对地质环境的影响，预测其发展演化趋势，提出利用和保护地质环境的对策和措施。

（5）根据所选定地点的工程地质条件和存在的工程地质问题，提出有关建筑物类型、规模、结构和施工方法的合理建议，以及保证建筑物正常施工和使用应注意的地质要求。

（6）为拟定改善和防止不良地质作用的措施方案提供地质依据。

岩土工程是以土体和岩体作为科研和工程实践的对象，解决和处理建设过程中出现的所有与土体或岩体有关的工程技术问题。岩土工程勘察的任务不仅包含传统工程地质勘查的所有内容，即查明情况，正确反映场地和地基的工程地质条件，提供数据，而且要求结合工程设计、施工条件进行技术论证和分析评价，提出解决岩土工程问题的建议，并服务于工程建设的全过程，以保证工程安全，提高投资效益，促进社会和经济的可持续发展。其整体功能是为设计、施工提供依据。

建筑场地岩土工程勘察，包括工程地质调查与勘探、岩土力学测试、地基基础工程和地基处理等内容。

2.岩土工程勘察的任务

（1）基本任务

就是按照工程建设所处的不同勘察阶段的要求，正确反映工程地质条件，查明不良地质作用和地质灾害，精心勘察、进行分析，提出资料完整、评价正确的勘察报告。为工程的设计、施工以及岩土体治理加固、开挖支护和降水等工程提供工程地质资料和必要的技术参数，同时对工程存在的有关岩土工程问题做出论证和评价。

（2）具体任务

1）查明建筑场地的工程地质条件，对场地的适宜性和稳定性做出评价，选择最优的建筑场地。

2）查明工程范围内岩土体的分布、形状和地下水活动条件，提供设计、施工、整治所需要的地质资料和岩土工程参数。

3）分析、研究工程中存在的岩土工程问题，并做出评价结论。

4）对场地内建筑总平面布置、各类岩土工程设计、岩土体加固处理、不良地质现象整治等具体方案做出论证和意见。

5）预测工程施工和运营过程中可能出现的问题，提出防治措施和整治建议。

3. 重要术语

（1）工程地质条件

工程地质条件是指与工程建设有关的各种地质条件的综合。这些地质条件包括拟建场地的地形地貌、地质构造、地层岩性、水文地质条件、不良地质现象、人类工程活动和天然建筑材料等方面。

工程地质条件的复杂程度直接影响工程建筑物地基基础投资的多少以及未来建筑物的安全运行。因此，任何类型的工程建设在进行勘察时必须首先查明建筑场地的工程地质条件，这是岩土工程勘察的基本任务。只有在查明建筑场地的工程地质条件的前提下，才能正确运用土力学、岩石力学、工程地质学、结构力学、工程机械、土木工程材料等学科的理论和方法对建筑场地进行深入细致的研究。

（2）岩土工程问题

岩土工程问题是拟建建筑物与岩土体之间存在的、影响拟建建筑物安全运行的地质问题。岩土工程问题因建筑物的类型、结构和规模的不同以及地质环境的不同而异。

岩土工程问题复杂多样。例如，房屋建筑与构筑物主要的岩土工程问题是地基承载力和沉降问题。由于建筑物的功能和高度不同，对地基承载力的要求差别较大，允许沉降的要求也不同。此外，高层建筑物深基坑的开挖和支护、施工降水、坑底回弹隆起及坑外地面位移等各种岩土工程问题较多。而地下洞室主要的岩土工程问题是围岩稳定性问题，除此之外，还有边坡稳定、地面变形和施工涌水等问题。

岩土工程问题的分析与评价是岩土工程勘察的核心任务，在进行岩土工程勘察时，对存在的岩土工程问题必须给予正确的评价。

（3）不良地质现象

不良地质现象是指能够对工程建设产生不良影响的动力地质现象，主要是指由地球内外动力作用引起的各种地质现象，如岩溶、滑坡、崩塌、泥石流、土洞、河流冲刷以及渗透变形等。

不良地质现象不仅影响建筑场地的稳定性，也对地基基础、边坡工程、地下洞室等具体工程的安全、经济和正常使用产生不利影响。因此，在复杂地质条件下进行岩土工程勘察时必须查明它们的规模大小、分布规律、形成机制和形成条件、发展演化规律和特点，预测其对工程建设的影响或危害程度，并提出防治的对策与措施。

三、岩土工程勘察的重要性

1. 工程建设场地选择的空间有限性

我国是一个人口众多的国家，良好的工程建设场地越来越有限，只有通过岩土工程勘察，查明拟建场地及其周边地区的水文工程地质条件，对现有场地进行可行性和稳定性论证，对场地岩土体进行改造和再利用，才能满足目前我国工程建设场地的要求。

2. 建设工程带来的岩土工程问题日益凸显

随着我国基础建设的发展，房屋建筑向空中和地下发展，南水北调、北煤南运、西气东送、高楼林立、高速公路等带来的地基沉降、基坑变形、人工边坡、崩塌和滑坡等各种岩土工程地质问题日益突出，因此要求岩土工程勘察必须提供更详细、更具体、更可靠的有关岩土体整治、改造和工程设计、施工的地质资料，对可能出现或隐伏的岩土工程问题进行分析评价，提出有效的预防和治理措施，以便在工程建设中及时发现问题，实时预报，及早预防和治理，把经济损失降到最小。

我国是一个地质灾害多发的国家，特殊性岩土种类众多，存在的岩土工程问题复杂多样。工程建设前，进行岩土工程勘察，查明建设场地的地质条件，对存在或可能存在的岩土工程问题提出解决方案，对存在的不良地质作用提前采取防治措施，可以有效防止地质灾害的发生。同时，岩土工程勘察所占工程投资比例甚低，但可以为工程的设计和施工提供依据和指导，以正确处理工程建筑与自然条件之间的关系。充分利用有利条件，避免或改造不利条件，减少工程后期处理费用，使建设的工程能更好地实现多快好省的要求。由此可见，工程建设过程中，岩土工程勘察工作显得相当重要。

3. 国家经济建设中的重要环节

各项工程建设在设计和施工之前必须按基本建设程序进行岩土工程勘察，岩土工程勘察的重要性和其质量的可靠性越来越为各级政府所重视。《中华人民共和国建筑法》《建设工程质量管理条例》《建设工程勘察设计管理条例》《实施工程建设强制性条文标准监督规定》和《建设工程勘察质量管理办法》等法律、法规对此都有规定。对于勘察的建筑工程来说，工程勘察直接影响着建筑物的质量，决定了建筑物的安全、稳定、正常使用及建筑造价。因此，学习这门课程以及今后从事这项工作，具有非常重要的意义和责任。

关注点：《岩土工程勘察规范（2009年版）》（GB-50021—2001）强制性条文规定：各项建设工程在设计和施工之前，必须按基本建设程序进行岩土工程勘察。

《建筑地基基础设计规范》（GB-50007—2011）中也明确规定：地基基础设计前应进行岩土工程勘察。

因此，各项建设工程在设计和施工之前，必须按照"先勘察，后设计，再施工"的基本建设程序进行岩土工程勘察。岩土工程勘察应按工程建设各勘察阶段的要求，正确反映工程地质条件，查明不良地质作用和地质灾害，精心勘察、全面分析，提出资料完整、评价正确的勘察报告。

实践证明，岩土工程勘察工作做得好，设计、施工就能顺利进行，工程建筑的安全运营就有保证。相反，忽视建筑场地与地基的岩土工程勘察，会给工程带来不同程度的影响，轻则修改设计方案、增加投资、延误工期，重则使建筑物完全不能使用，甚至突然破坏，酿成灾害。近年来仍有一些工程不进行岩土工程勘察就设计施工，造成工程安全事故或安全隐患。

加拿大朗斯康谷仓是建筑物地基失稳的典型例子。该谷仓由 65 个圆柱筒仓组成，长 59.4 m、宽 23.5 m、高 31.0 m，钢筋混凝土片筏基础厚 2 m，埋置深度 3.6 m。谷仓总质量为 2 万 t，容积 36500 m³。当谷仓建成后装谷达 32000 m³ 时，谷仓西侧突然下沉 8.8 m，东侧上抬 1.5 m，最后整个谷仓倾斜 26° 53′。由于谷仓整体刚度较强，在地基破坏后，筒仓完整，无明显裂缝。事后勘察了解，该建筑物地基下埋藏有厚达 16 m 的高塑性淤泥质软土层。谷仓加载使基础底面上的平均荷载达到 320 kPa，超过了地基的极限承载力 245 kPa，因而地基强度遭到破坏发生整体滑动。为修复谷仓，在基础下设置了 70 多个支撑于深 16 m 以下基岩上的混凝土墩，使用 338 个 500 kN 的千斤顶，逐渐把谷仓纠正过来。修复后谷仓的标高比原来降低了 4 m。这在地基事故处理中是个奇迹，当然费用十分昂贵。

我国著名的苏州虎丘塔，位于苏州西北，建于五代周显德六年至北宋建隆二年（959—961 年间），塔高 47.68 m，塔底对边南北长 13.81 m，东西长 13.64 m，平均 13.66 m，全塔七层，平面呈八角形，砖砌，全部塔重支撑在内外 12 个砖墩上。由于地基为厚度不等的杂填土和亚黏土夹块石，地基土的不均匀和地表丰富的雨水下渗导致水土流失而引起的地基不均匀变形使塔身严重偏斜。自 1957 年初次测定至 1980 年 6 月，塔顶的位移由 1.7 m 发展到 2.32 m，塔的重心偏离 0.924 m，倾斜角达 2° 48′。由于塔身严重向东北向倾斜，各砖墩受力不均，致使底层偏心受压处的砌体多处出现纵向裂缝。如果不及时处理，虎丘塔就有毁坏的危险。鉴于塔身已遍布裂缝，要求任何加固措施均不能对塔身造成威胁。因此，决定采用挖孔桩方法建造桩排式地下连续墙，钻孔注浆和树根桩加固地基方案，亦即在塔外墙 3 m 处布置 44 个直径为 1.4 m 人工挖孔的桩柱，伸入基岩石 50cm，灌注钢筋混凝土，桩柱之间用素混凝土搭接防渗，在桩柱顶端浇注钢筋混凝土圈梁连成整体，在桩排式地基连续墙建成后，再在围桩范围地基内注浆。经加固处理后，塔体的不均匀沉降和倾斜才得以控制。

曾引起震惊的我国香港宝城大厦事故，就是由于勘察时对复杂的建筑场地条件缺乏足够的认识而没有采取相应对策留下隐患而引起的。该大厦建在山坡上，1972 年雨季出现连续大暴雨，引起山坡残积土软化、滑动。7 月 18 日早晨 7 点，大滑坡体下滑，冲毁高层建筑宝城大厦，居住在该大厦的银行界人士 120 人当场死亡。

由此可见，岩土工程勘察是各项工程设计与施工的基础性工作，具有十分重要的意义。

四、我国岩土工程勘察发展阶段

岩土工程是在工程地质学的基础上发展并延伸出的一门属于土木工程范畴的边缘学科，是土木工程的一个分支。

1. 岩土工程勘察体制的形成和发展

（1）新中国成立初期

由于国民经济建设的需要，在城建、水利、电力、铁路、公路、港口等部门，岩土工程勘察体制沿用苏联的模式，建立了工程地质勘查体制，岩土工程勘察工作很不统一，各行业对岩土工程的勘察、设计及施工都有各自的行业标准。这些标准或多或少都有一定的缺陷，主要表现在：1）勘察与设计、施工严重脱节；2）专业分工过细，勘察工作的范围仅仅局限于查清条件，提供参数，而对如何设计和处理很少过问，再加上行业分割和地方保护严重，知识面越来越窄，活动空间越来越小，影响了勘察工作的社会地位和经济效益的提高。

（2）20 世纪 80 年代以来

针对工程地质勘查体制中存在的问题，我国自 1980 年开始进行了建设工程勘察、设计专业体制的改革，引进了岩土工程体制。这一技术体制是市场经济国家普遍实行的专业体制，是为工程建设的全过程服务的。因此，很快就显示出其突出的优越性。它要求勘察与设计、施工、监测密切结合而不是机械分割；要求服务于工程建设的全过程，而不仅仅为设计服务；要求在获得资料的基础上，对岩土工程方案进一步进行分析论证，并提出合理的建议。

（3）20 世纪 90 年代以来

随着我国工程建设的迅猛发展，高层建筑、超高层建筑以及各项大型工程越来越多，对天然地基稳定性计算与评价、桩基计算与评价、基坑开挖与支护、岩土加固与改良等方面，都提出了新的研究课题，要求对勘探、取样、原位测试和监测的仪器设备、操作技术和工艺流程等不断创新。由勘察工作与设计、施工、监测相结合并积累了许多勘察经验和资料。20 多年来，勘察行业体制的改革虽然取得了明显的成绩，但是真正的岩土工程体制的改革还没有到位，勘察工作仍存在许多问题，缺乏法定的规范、规程和技术监督。此外，某些地区工程勘察市场比较混乱，勘察质量不高。

（4）岩土工程是在第二次世界大战后经济发达国家的土木工程界为适应工程建设和技术、经济高速发展需要而兴起的一种科学技术，因此在国际上岩土工程实际上只有五六十年的历史。在中国，岩土工程研究被提上日程并在工程勘察界推行也不过30年左右的历史。

中国工程勘察行业是在20世纪50年代初建立并发展起来的，基本上是照搬苏联的一套体制与工作方法，这种情况一直延续到80年代。工程地质勘查的主要任务是查明场地或地区的工程地质条件，为规划、设计、施工提供地质资料。我国的工程地质勘查体制虽然在中国经济建设中发挥了巨大作用，但同时也暴露了许多问题。在实际工作中，一般只提出勘察场地的工程地质条件和存在的地质问题，很少涉及解决问题的具体方法。勘察与设计、施工严重脱节，勘察工作局限于"打钻、取样、试验、提报告"的狭小范围。由于上述原因，工程地质勘查工作在社会上不受重视，处于从属地位，经济效益不高，技术水平提高不快，勘察人员的技术潜力得不到充分发挥，使勘察单位的路子越走越窄，不能在国民经济建设中发挥应有的作用。

（5）自20世纪80年代以来，特别是自1986年以来，在原国家计委设计局、原建设部勘察设计公司的积极倡导和支持下，各级政府主管部门、各有关社会团体、科研机构、大专院校和广大勘察单位，在调研探索、经济立法、技术立法、人才培训、组织建设、业务开拓、技术开发、工程试点及信息经验交流等方面积极地进行了一系列卓有成效的工作，我国开始推行岩土工程体制。经过40余年的努力，目前我国已确立了岩土工程体制。岩土工程勘察的任务，除了应正确反映场地和地基的工程地质条件外，还应结合工程设计、施工条件，进行技术论证和分析评价，提出解决岩土工程问题的建议，并服务于工程建设的全过程，具有很强的工程针对性。其主要标志是我国首部《岩土工程勘察规范》（GB-50021—94）于1995年3月1日实施，修订过的《岩土工程勘察规范》（GB-50021—2001）于2002年1月1日发布，3月1日实施。《工程勘察收费标准》（2002版）也正式对岩土工程收费做了规定。2002年9月，我国开始进行首次注册土木工程师（岩土）执业资格考试。积极推行国际通行的市场准入制度：着眼于负责签发工程成果并对工程质量负终生责任的专业技术人员的基本素质上，单位依靠符合准入条件的注册岩土工程师在成果、信誉、质量、优质服务上的竞争，由岩土工程师主宰市场。企业发展趋势：鼓励成立以专业技术人员为主的岩土工程咨询（或顾问）公司和以劳务为主的钻探公司、岩土工程治理公司；推行岩土工程总承包（或总分包），承担工程项目不受地区限制。岩土工程咨询（或顾问）公司承担的业务范围不受部门、地区的限制，只要是岩土工程（勘察、设计、咨询监理以及监测检测）都允许承担；但如果是岩土工程测试（或检测监测）公司，则只限于承担测试（检测监测）任务，钻探公司、岩土工程治理公司不能单独承接岩土工程有关任务，只能同岩土工程咨询（或顾问）公司签订承接合同。

2.岩土工程勘察规范的发展

为了使岩土工程行业能够真正形成岩土工程体制，适应社会主义市场经济的需要，并且与国际接轨，规范岩土工程勘察工作，做到技术先进、经济合理，确保工程质量和提高经济效益，由中华人民共和国建设部会同有关部门共同制订了《岩土工程勘察规范》（GB-50021—1994），于 1995 年 3 月 1 日正式实施。该规范是对《工业与民用建筑工程地质勘查规范》（TJ21—77）的修订，标志着岩土工程勘察体制的正式实施，它既总结了新中国成立以来工程实践的经验和科研成果，又注意尽量与国际标准接轨。在该规范中首次提出了岩土工程勘察等级，以便在工程实践中按工程的复杂程度和安全等级区别对待；对工程勘察的目标和任务提出了新的要求，加强了岩土工程评价的针对性；对岩土工程勘察与设计、施工、监测密切结合提出了更高的要求；对各类岩土工程如何结合具体工程进行分析、计算与论证，做出了相应的规定。

2002 年，中华人民共和国建设部又对《岩土工程勘察规范》（GB-50021—1994）进行了修改和补充，颁布了《岩土工程勘察规范》（GB-50021—2001）。

2009 年，中华人民共和国住房和城乡建设部对《岩土工程勘察规范》（GB-50021—2001）进行了修订，颁布了《岩土工程勘察规范（2009 年版）》（GB-50021—2001），使部分条款的表达更加严谨，与相关标准更加协调。该规范是目前我国岩土工程勘察行业实行的强制性国家标准。它指导着我国岩土工程勘察工作的正常进行与顺利发展。

第二节　岩土工程勘察基本技术要求

一、岩土工程勘察分级

1. 目的依据及分级

（1）岩土工程勘察分级的目的

岩土工程勘察等级划分的主要目的，是勘察工作的布置及勘察工作量的确定。进行任何一项岩土工程勘察工作，首先应对岩土工程勘察等级进行划分。显然，工程规模较大或较重要、场地地质条件以及岩土体分布和性状较复杂者，所投入的勘察工作量就较大，反之则较小。

（2）岩土工程勘察分级的依据

按《岩土工程勘察规范（2009 年版）》（GB-50021—2001）的规定，岩土工程勘察的等级，是由工程重要性等级、场地的复杂程度等级和地基的复杂程度等级三项因素决定的。

（3）岩土工程勘察等级分级

岩土工程勘察等级分为甲、乙、丙三级。

2. 岩土工程勘察等级的判别

岩土工程勘察等级的判别顺序如下：

工程重要性等级判别→场地复杂程度等级判别→地基复杂程度等级判别→勘察等级判别。

（1）工程重要性等级判别

工程重要性等级，是根据工程的规模和特征，以及由于岩土工程问题造成工程破坏或影响正常使用的后果，划分为三个工程重要性等级，见表6-1。

表6-1　工程重要性等级划分

工程重要性等级	工程的规模和特征	破坏后果
一级	重要工程	很严重
二级	一般工程	严重
三级	次要工程	不严重

对于不同类型的工程来说，应根据工程的规模和特征具体划分。目前房屋建筑与构筑物的设计等级，已在《建筑地基基础设计规范》（GB-50007—2011）中明确规定：地基基础设计应根据地基复杂程度、建筑物规模和功能特征以及由于地基问题可能造成建筑物破坏或影响正常使用的程度分为三个设计等级，设计时应根据具体情况，见表6-2。

表6-2　工程重要性等级划分

设计等级	工程的规模	建筑和地基类型
甲级	重要工程	重要的工业与民用建筑物；30层以上的高层建筑；体型复杂，层数相差超过10层的高低层连成一体的建筑物；大面积的多层地下建筑物（如地下车库、商场、运动场等）；对地基变形有特殊要求的建筑物；复杂地质条件下的坡上建筑物（包括高边坡）；对原有工程影响较大的新建建筑物；场地和地基条件复杂的一般建筑物；位于复杂地质条件及软土地区的二层及二层以上地下室的基坑工程；开挖深度大于15m的基坑工程；周边环境条件复杂、环境保护要求高的基坑工程
乙级	一般工程	除甲级、丙级以外的工业与民用建筑物，除甲级、丙级以外的基坑工程
丙级	次要工程	场地和地基条件简单，荷载分布均匀的七层及七层以下的民用建筑及一般工业建筑物，次要的轻型建筑物。 非软土地区且场地地质条件简单、基坑周边环境条件简单、环境保护要求不高且开挖深度小于0.5m的基坑工程

目前，地下洞室、深基坑开挖、大面积岩土处理等尚无工程重要性等级划分的具体规定，可根据实际情况确定。大型沉井和沉箱、超长桩基和墩基、有特殊要求的精密设备和超高压设备、有特殊要求的深基坑开挖和支护工程、大型竖井和平洞、大型基础托换和补强工程，以及其他难度大、破坏后果严重的工程，以列为一级工程重要性等级为宜。

（2）场地复杂程度等级判别

场地复杂程度等级是由建筑抗震稳定性、不良地质现象发育情况、地质环境破坏程度、地形地貌条件和地下水五个条件衡量的。

《建筑抗震设计规范》（GBJ—50011—2010）有以下规定。

1）建筑抗震稳定性地段的划分。

危险地段地震时可能发生滑坡、崩塌、地陷、地裂、泥石流及发震断裂带上发生地表错动的部位。

不利地段软弱土，液化土，条状突出的山嘴，高耸孤立的山丘，非岩质的陡坡，河岸和斜坡的边缘，平面分布上成因、岩性、状态明显不均匀的土层（如古河道、疏松的断层破碎带、暗埋的塘浜沟谷和半填半挖地基），高含水的可塑黄土，地表存在结构性裂缝等。

一般地段不属于有利、不利和危险的地段。

有利地段稳定基岩、坚硬土，开阔、平坦、密实、均匀的中硬土等。

关注点：不利地段的划分应注意的是：上述表述的是有利、不利和危险地段，对于其他地段可划分为可进行建设的一般场地。不能一概将软弱土都划分为不利地段，应根据地形、地貌和岩土特性综合评价。

如某综合楼场地北部有 6.4~6.7m 厚的杂填土，地下水位埋深 6.1~6.2m，杂填土和黄土状土之间差异明显，应定为不均匀地基。若采用灰土挤密桩处理会水量偏高、效果差；若采用桩基孔太浅也不经济；最后与设计者沟通后建议对局部杂填土进行换土处理，换土后其上部统一做 1.5m 厚的 3∶7 灰土垫层。处理后将场地定为可进行建设的一般场地，没有划分为不利地段。

2）不良地质现象发育情况。

强烈发育是指泥石流沟谷、崩塌、土洞、塌陷、岸边冲刷、地下水强烈潜蚀等极不稳定的场地，这些不良地质作用直接威胁着工程的安全。

一般发育是指虽有上述不良地质作用，但并不十分强烈，对工程设施安全的影响不严重，或者说对工程安全可能有潜在的威胁。

3）地质环境破坏程度。"地质环境"是指人为因素和自然因素引起的地下采空、地面沉降、地裂缝、化学污染、水位上升等。

强烈破坏是指由于地质环境的破坏，已对工程安全构成直接威胁，如矿山浅层采空导致明显的地面变形、横跨地裂缝等。

一般破坏是指已有或将有地质环境的干扰破坏，但并不强烈，对工程安全的影响不严重。

4）地形地貌条件。主要指的是地形起伏和地貌单元（尤其是微地貌单元）的变化情况。

复杂山区和陵区场地地形起伏大，工程布局较困难，挖填土石方量较大，土层分布较薄且下伏基岩面高低不平，一个建筑场地可能跨越多个地貌单元。

较复杂地貌单元分布较复杂。

简单平原场地地形平坦，地貌单元均一，土层厚度大且结构简单。

5）地下水条件。地下水是影响场地稳定性的重要因素，地下水的埋藏条件、类型和地下水位等直接影响工程及其建设。根据场地的复杂程度，可按下列规定分为三个场地等级，见表6-3。

表6-3　场地复杂程度等级划分

场地复杂程度等级	建筑抗震稳定性	不良地质现象发育	地质环境破坏程度	地形地貌条件	地下水
一级（复杂场地）	危险	强烈发育	已经或可能受到强烈破坏	复杂	有影响工程的多层地下水，岩溶裂隙水或其他水文地质
二级（中等复杂场地）	不利	一般发育	已经或可能受到一般破坏	较复杂	条件复杂，需专门研究的场地基础位于地下水位以下的场地
三级（简单场地）	抗震设防度等于或小于Ⅵ度，或是建筑抗震有利的地段	不发育	基本未受破坏	简单	对工程无影响

（3）地基复杂程度等级判别

依据岩土种类、地下水的影响、特殊土的影响，地基复杂程度也划分为三级，见表6-4。

表6-4　地基复杂程度等级划分

地基复杂程度等级	岩土种类	地下水的影响	特殊土的影响	备注
一级	种类多，性质变化大	对工程影响大，且需特殊处理	多年床土及湿陷、膨压、烟渍、污染严重的特殊性岩土，对工程影响大，需做专门处理	变化复杂，同一场地上存在多种的或强烈程度不同的特殊性岩土
二级	种类较多，性质变化较大	对工程有不利影响	除上述规定之外的特殊性岩土	
三级	种类单一，性质变化不大	地下水对工程无影响	无特殊性岩土	

注：一级地基的特殊土为严重湿陷、膨胀、盐渍、污染的特殊性岩土，多年冻土情况特殊，勘察经验不多，也应列为一级地基。"严重湿陷、膨胀、盐渍、污染的特殊性岩土"，是指自重湿陷性土、三级非自重湿陷性土、三级膨胀性土等；其他需做专门处理的以及变化复杂、同一场地上存在多种强烈程度不同的特殊性岩土时，也应列为一级地基。一级、二级地基各条件中只要符合其中任一条件者即可。

（4）勘察等级判别

综合上述三项因素的分级，即可划分岩土工程勘察的等级，根据工程重要性等级、场地复杂程度等级和地基复杂程度等级，可按下列条件划分岩土工程勘察等级。

关注点：建筑在岩质地基上的一级工程，当场地复杂程度等级和地基复杂程度等级均为三级时，岩土工程勘察等级可定为乙级。

勘察等级可在勘察工作开始前，通过搜集已有资料确定，但随着勘察工作的开展，对自然认识的深入，勘察等级也可能发生改变。

二、岩土工程勘察阶段的划分

为保证工程建筑物自规划设计到施工和使用全过程达到安全、经济、适用的标准，使建筑物场地、结构、规模、类型与地质环境、场地工程地质条件相互适应，要求任何工程的规划设计过程必须遵照循序渐进的原则，即科学地划分为若干阶段进行。

按照《岩土工程勘察规范（2009 年版）》（GB-50021—2001）要求，岩土工程勘察的工作可划分为可行性研究勘察、初步勘察、详细勘察和施工勘察四个阶段。可行性研究勘察应符合选择场址方案的要求；初步勘察应符合初步设计的要求；详细勘察应符合施工图设计的要求；场地条件复杂或有特殊要求的工程或出现施工现场与勘察结果不一致时，宜进行施工勘察。场地较小且无特殊要求的工程可合并勘察阶段。当建筑物平面布置已经确定，且场地或其附近已有岩土工程资料时，可根据实际情况，直接进行详细勘察。

据勘察对象的不同，可分为水利水电工程（主要指水电站、水工构筑物），铁路工程，公路工程，港口码头，大型桥梁及工业、民用建筑等。由于水利水电工程、铁路工程、公路工程、港口码头等工程一般比较重大、投资造价及重要性高，国家分别对这些类别的工程勘察进行了专门的分类，编制了相应的勘察规范、规程和技术标准等，这些工程的勘察称为工程地质勘查。因此，通常所说的"岩土工程勘察"主要指工业、民用建筑工程的勘察，勘察对象主体主要包括房屋楼宇、工业厂房、学校楼舍、医院建筑、市政工程、管线及架空线路、岸边工程、边坡工程、基坑工程、地基处理等。

三、岩土工程勘察的方法

1. 常用方法

岩土工程勘察的方法或技术手段，常用的有以下几种。

（1）工程地质测绘

工程地质测绘是采用收集资料、调查访问、地质测量、遥感解译等方法，查明场地的工程地质要素，并绘制相应的工程地质图件的勘察方法。

工程地质测绘是岩土工程勘察的基础工作，也是认识场地工程地质条件最经济、最有效的方法，一般在勘察的初期阶段进行。在地形地貌和地质条件较复杂的场地，必须进行工程地质测绘；但对地形平坦、地质条件简单且较狭小的场地，则可采用调查代替工程地质测绘。高质量的测绘工作能相当准确地推断地下地质情况，起到有效地指导其他勘察方法的作用。

（2）岩土工程勘探

岩土工程勘探是岩土工程勘察的一种手段，包括物探、钻探、坑探、井探、槽探、动探、触探等。它可用来调查地下地质情况，并且可利用勘探工程取样、进行原位测试和监测，应根据勘察目的及岩土的特性选用上述各种勘探方法。

物探是一种间接的勘探手段，可初步了解地下地质情况。

钻探是直接勘探手段，能可靠了解地下地质情况，在岩土工程勘察中必不可少，是一种使用最为广泛的勘探方法，在实际工作中，应根据地层类别和勘察要求选用不同的钻探方法。

当钻探方法难以查明地下地质情况时，可采用坑探方法。它也是一种直接的勘探手段，在岩土工程勘察中必不可少。

（3）原位测试

原位测试是为岩土工程问题分析评价提供所需的技术参数，包括岩土的物性指标、强度参数、固结变形特性参数、渗透性参数和应力、应变时间关系的参数等。原位测试一般都借助于勘探工程进行，是详细勘察阶段主要的一种勘察方法。

（4）现场检验与监测

现场检验是指采用一定手段，对勘察成果或设计、施工措施的效果进行核查；是对先前岩土工程勘察成果的验证核查以及岩土工程施工的监理和质量控制。

现场监测是在现场对岩土性状和地下水的变化、岩土体和结构物的应力、位移进行系统监视和观测。它主要包括施工作用和各类荷载对岩土反应性状的监测、施工和运营中的结构物监测和对环境影响的监测等方面。

现场检验与监测是构成岩土工程系统的一个重要环节，大量工作在施工和运营期间进行；但是这项工作一般需在高级勘察阶段开始实施，所以又被列为一种勘察方法。它的主要目的在于保证工程质量和安全，提高工程效益。检验与监测所获取的资料，可以反求出某些工程技术参数，并以此为依据及时修正设计，使之在技术和经济方面优化。此项工作主要是在施工期间内进行，但对有特殊要求的工程以及一些对工程有重要影响的不良地质现象，应在建筑物竣工运营期间继续进行。

岩土工程勘察手段依据建筑工程和岩土类别的不同可采用以上几种或全部手段，对场地工程地质条件进行定性或定量分析评价，编制满足不同阶段所需的成果报告文件。

2. 岩土工程勘察新技术的应用

随着科学技术的飞速发展，在岩土工程勘察领域中不断引进高新技术。例如，工程地质综合分析、工程地质测绘制图和不良地质现象监测中的遥感（RS）、地理信息系统（GIS）和全球卫星定位系统（GPS），即"3S"技术的引进；勘探工作中地质雷达和地球物理层析成像技术（CT）的应用；数值化勘察技术（数字化建模方法、数字化岩土勘察工程数据库系统）等，对岩土工程勘察的发展有着积极的促进作用。

由于岩土工程的特殊性，大多情况无法采用直接、直观的手段实现对地基岩土性状的调查和获取其工程特性指标。这就要求岩土工程勘察技术人员掌握相关的各类规范、规程，并在勘察工作中仔细、认真以及全面考虑，确保勘察工作有条不紊地开展，从而使勘察成果满足设计的使用要求，最终确保工程建设的安全、高效运行，实现国民经济社会的可持续发展。

四、常用技术规范

岩土工程勘察涉及许多国家规范和标准，对于从事岩土工程勘察的技术人员来说应熟悉，并能准确、认真地执行。本书所依据的行业标准主要有：

1.《岩土工程勘察规范 2009 年版》（GB-50021—2001）。

2.《工程地质手册》（第四版）。

3.《建筑地基基础设计规范》（GB-50007—2011）。

4.《建筑桩基技术规范》（JGJ-94—2008）。

5.《建筑抗震设计规范》（GB-50011—2010）。

6.《高层建筑岩土工程勘察规程》（JGJ—72—2004）。

7.《建筑工程地质勘探与取样技术规程》（JGJ-T87—2012）。

8.《岩土工程勘察报告编制标准》（CECS-99：98）。

9.《工程勘察设计收费管理规定》（计价格〔2002〕10 号）。

10.《工程岩体分级标准》（GB-50218—1994）。

第三节　岩土工程勘察工作程序

岩土工程勘察工作程序是工程勘察质量控制的基本保障，应按照规范确定的勘察目的、任务和要求合理设置。

岩土工程勘察工作程序主要包括勘察前期工作、现场勘察施工及勘察成果编制与送审，具体可分为勘察投标书的编制、勘察合同的签订、工程地质测绘、岩土工程勘探、岩土原位测试、现场检验与监测、岩土参数分析与选定、岩土工程分析评价与报告编写、报告审定与出版存档等。

体现岩土工程勘察工作程序的三大项九个单项工作之间，要求既相对独立又相互联系，循环实施，才能体现一个完整的岩土工程勘察过程的有效性。岩土工程勘察项目实施的基本过程如下。

一、勘察前期工作

岩土工程勘察前期工作，主要是在通过了解项目现场基本情况，并收集相关资料的基础上编制岩土工程勘察投标书。项目中标后，与甲方签订岩土工程勘察合同。其目的是勘察者在勘察前明确建筑结构概况，弄清建筑设计对勘察的要求，其中编制岩土工程勘察投标书和签订岩土工程勘察合同是前期的两项重要工作。

1. 收集资料

资料收集是否齐全、准确，是保证工程项目顺利完成的前提，必须高度重视，目前勘察市场中仍存在前期资料收集不全，拟建工程的结构形式、场地整平标高、勘探点坐标等情况不清，设计单位的勘察技术要求缺乏，对工程场地原有地形地貌、不良地质作用及地质灾害不进行调查等情况，对工程顺利完成造成了一定影响。

关注点：《岩土工程勘察规范（2009 年版）》（GB50021—2001）中的强制性条文明确规定："搜集附有坐标和地形的建筑总平面图，建筑物的性质、规模、荷载、结构特点，基础形式、埋置深度、地基允许变形等资料。"

2. 编制岩土工程勘察投标书

勘察投标书是进行勘察项目的前提条件，在工程建设中起着龙头作用，是提高工程项目投资效益、社会效益和环境效益的最重要因素。其技术标（勘察施工组织设计方案）既是投标的主要文件，又是指导勘察施工的主要内容，具体内容包括：工程概况、勘察方案、勘察成果分析及报告书编写、本工程投入技术力量及施工设备、进度计划、工期保证措施、工程质量保证措施、安全保证措施、承诺及报价等。

但目前勘察市场中仍存在：在无设计要求和建筑结构概况不明的情况下，勘察单位仅凭业主的陈述，按其要求进行勘察，最终导致勘察报告的深度和广度不符合建筑设计的要求。

如某单层厂房设计行车为 60t，单柱最大荷重 6000kN，而勘察人员认为单层厂房为很次要的工程，按天然地基浅基础进行勘察。当设计人员想设计桩基础时，勘察报告不满足要求。

又如，在某工程场地内有防空洞入口通向该拟建场地，可勘察人员在报告中不予以查明、评价，又不提请注意。

再如，某拟建的垃圾中转站，主要位于人工鱼塘上，堆填后用于建设，某勘察单位没有搜集原有地形资料，也不进行调查访问，恰好钻孔布置在塘堤上，勘察单位仅根据钻探成果推荐了天然地基，施工开挖后发现实际情况与勘察报告大相径庭，天然地基根本不适合，设计方重新修改设计，采用了地基处理，给业主方造成了一定的损失。

3. 签订勘察合同

项目中标后，与甲方签订岩土工程勘察合同，双方按合同履约。

（1）现场勘察施工

在勘察施工前，应明确勘察任务、需提交的勘察资料、勘察依据及技术要求、投入的勘察工作量等，依据勘察任务书进行勘察施工，其工作主要包括工程地质测绘、岩土工程勘探（勘探孔定位测量、勘探孔编录、采集样品及送样）、原位测试（标准贯入试验、重型动力触探、现场水文地质试验、波速测试等）、现场检验与监测（勘察质量检查、验槽等）等。在施工过程中，要注意勘察的重点和难点问题。同时要建立质量和安全保障措施，保证施工质量和施工安全。

（2）勘察成果编制与送审

通过现场勘察后，应及时对工程编录资料综合整理、审核及计算机录入，并进行岩土工程分析评价，编制报告图文表初稿；之后对报告进行初步审查及修改；最后对报告进行审定、出版及存档。

关注点：建设工程施工现场的验槽、脸孔、基础验收是岩土工程勘察基本过程质量控制的重要环节，勘察时必须高度重视。

建设工程施工现场的验槽、脸孔、基础验收等工作，也是岩土工程勘察的基本过程，勘察单位应参与施工图纸会审、基础施工现场验槽、脸孔、基础验收等工作，并现场解释说明岩土工程勘察报告成果反映的重要岩土工程问题及其防治措施建议，以保障基础工程设计施工符合场地地基岩土条件，及时发现和解决基础施工中新的岩土工程问题及勘察工作的不足。

由于场地地基水文工程地质条件复杂多变、建设工程布置方案的调整变更，对于工程勘察项目委托单位等提出的勘察新要求，一般情况下应当以书面函件形式向勘察单位提出。勘察单位应当根据实际情况，以积极的态度进行沟通处置，及时进行岩土工程分析，及时出具解释性报告或者变更报告，必要时应当及时进行施工勘察或者补充勘察。

关注点：对图审回复、现场验槽脸孔、基础验收、施工勘察或者补充勘察工程过程中产生的岩土工程分析报告成果，一般以工程勘察说明通知单的文件形式表达，不宜修改已经提交给建设单位设计施工使用了的勘察报告文件。

第七章　岩土工程勘察前期工作

岩土工程勘察前期工作，主要包括勘察标书的编制和合同的签订，做好勘察前期工作是保证勘察项目顺利实施的前提条件。本章是让学习者初步了解工程项目编制投标文件的要求、流程及项目中标后应按照相关规定签订勘察合同。

岩土工程现场勘察施工是在勘查现场采用不同勘察技术手段或方法进行的勘察工作，了解和查明建筑场地的工程地质条件，应依据工程类别和场地复杂程度的不同，遵循由易到难、先简单后复杂，从地表到地下、从勘察成果到检验成果的原则。本项目的学习主要包括工程地质测绘与调查、岩土工程勘探、原位测试、现场检验与监测四个方面。

在岩土工程勘察中，工程地质测绘是一项简单、经济又有效的工作方法，它是岩土工程勘察中最重要、最基本的勘察方法，也是各项勘察中最先进行的一项勘察工作。

工程地质测绘是运用地质、工程地质理论对与工程建设有关的各种地质现象进行详细观察和描述，以查明拟定工作区内工程地质条件的空间分布和各要素之间的内在联系，并按照精度要求将它们如实地反映在一定比例尺的地形底图上，并结合勘探、测试和其他勘察工作资料编制成工程地质图的过程。

第一节　岩土工程勘察投标文件编制

岩土工程勘察投标工作是勘察项目经营工作中的重要一环，一定程度上是投标技术工作水平、勘察工作实践经验、质量管理水平及勘察单位整体实力的体现，也是勘察单位经营工作水平及在行业中形象的体现。

一、岩土工程勘察投标文件编制要点

岩土工程勘察投标文件编制要求：细致又全面，准确又快捷，对招标文件的理解和响应不允许出任何偏差或疏漏，投标文件是评标的主要依据，对投标人中标与否起着极其重要的作用。所以，在岩土工程勘察投标文件编制之前，要认真学习招标文件，熟悉所要投标工程项目的地理位置、交通运输、供水等环境条件。了解工程项目的工作内容、工作量（招标书上的工作清单）、工作期限及各种要求。

岩土工程勘察投标文件编制要点包括以下几方面。

1. 认真阅读招标文件

投标工作有其独特的专业性、系统性和连续性，因此必须进行科学、严密的组织和筹划，充分调动全体编标人员的积极性，确保投标工作顺利进行。在进行投标前，应认真阅读招标文件条款内容，做到有的放矢，不走弯路；熟悉招标文件中规定的投标文件格式的规定，如要求的投标文件正副本数，商务、技术、综合部分如何装订，封面签字盖章要求、内容签字盖章要求、标书密封要求、原件是否验证及如何装订、密封等格式及制作要求。

一般招标文件由五部分组成，即投标须知及投标须知前附表，合同条款及格式，工程勘察技术要求，地形图、总平面图及工程量清单，投标文件格式。熟悉招标文件内容是做好投标文件的基本要求。

2. 熟知投标文件内容

一般情况下，投标文件可分为商务标、技术标、综合部分（资格审查资料）。内容上依据招标文件要求的格式和顺序制作，不要缺项、多项、改变招标文件格式。

（1）商务标

商务标文件主要包括法定代表人资格证明书、授权委托书、工程勘察单价表、投标书等。其中工程勘察单价表包括工作费报价和勘察工作费计算清单，勘察工作费报价一般分两种，一种是综合报价（岩层和土层综合一起报一个单价），另一种是分不同土层、岩层分别报价。勘察工作费报价是投标方根据工程所在地的地质条件、工作环境及本单位的工作经验和技术条件综合考虑，给出的一个合理价格。

（2）技术标

技术标就是勘察、施工、组织、设计方案，要根据工程的特点来写。技术标文件主要包括：工程建设项目概况；对招标文件提供的场区的基本地质资料的分析；勘察目的与方案；勘察手段和工作布置；勘探、测试手段的数量、深度；岩土试样的采取与试验要求；工程的组织和技术质量及安全保证措施；拟投入的主要施工机械设备和人员计划；勘察工作计划进度；拟提交的勘察报告的主要章节目录及其他需要说明或建议的内容。

关注点：技术标，即勘察、施工、组织、设计方案。

（3）综合部分

综合部分即资格审查资料，主要包括公司的营业执照、资质证书、安全生产许可证、项目经理证、业绩等，需要根据招标文件的具体要求确定。

二、岩土工程勘察投标文件编制流程

勘察投标文件一般编制流程如图 7-1 所示。

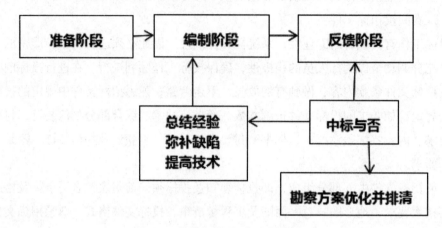

图7-1　勘察投标文件编制流程

（一）准备阶段

1. 工作内容

详细内容如图 7-2 所示。

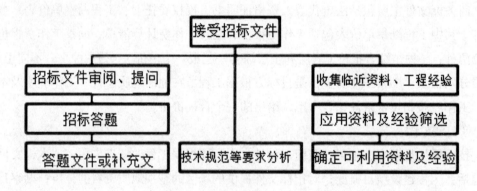

图7-2　准备阶段工作流程

2. 工作要求

（1）认真、仔细、深入、全面。

（2）注意事项：1）招标文件本身前后是否矛盾；2）招标文件要求与技术规范要求是否一致；3）工程地质资料及工程经验收集、分析与利用体现临近原则、地质单元相同原则，应与投标项目基础设计方案有可比性；4）遵守国家标准、行业标准、地方和企业标准及国家和企业的法律、规定和制度；5）工程经验分析与利用坚持类同原则，注意收集、摘录、分析、总结各类工程实践经验、各类设计概况及其技术要求，分析、反算各类测试、检测结果等资料，并进行有效的岩土条件反分析。

（二）编制阶段

1. 工作要求

（1）土性分析及岩土条件分析应根据投标项目性质及勘察设计技术要求有所侧重。

（2）拟建建筑物性质分析应结合工程经验得出各类建（构）筑物适宜的基础形式可能性（如天然地基、地基处理、桩基等）。

（3）地基基础预分析应结合勘察、设计等工程经济进行分析，并兼顾招标文件中勘察设计技术要求，确定并建议适宜的基础方案或基础形式，提出预分析结论。

（4）勘察方案制订符合勘察规范要求，做到安全、经济、合理。

（5）勘察资源配置及勘察进度应安排紧凑和协调，满足招标文件要求，若招标文件要求实在不合理时，则应提出合理的方案并进行具体解释。

（6）各项施工措施及技术质量管理措施必须齐全，符合相关技术规范要求，同时必须体现本单位技术、质量管理优势与特长和体系的完备性与合理性。

（7）勘察报告书章节及主要内容，应抓住主要问题，针对本项目可能的特殊情况应扩展和细化；除列出条目外，还应列出简要说明，个别特殊性要求和子项还应进行深入说明。

（8）勘察费用预算及报价应符合计费标准要求，报价偏高或偏低有要求时应进行适当的技术处理，力求报价在合理计费标准前提下的恰当的报价范围之内。

（9）勘探孔平面布置图应符合勘察技术规范及相关制图规定要求，清晰、美观、重点突出。

（10）其他注意事项。

2. 其他注意事项

要编制好勘察投标文件，并在评标中占有优势，还应注意其他许多勘察标书技术考虑因素之外的事项，主要有以下几个方面：

（1）招标单位及项目设计单位技术外要求及偏好（如低报价）；

（2）招标代理公司的活动能力及要求；

（3）共同参与本项目投标单位的技术实力、技术特长、技术缺陷、工作能力、工作方法、工程经验及标书编制人的性格及其个人的技术表现能力、技术特长与缺陷及个人工程经验积累和利用能力等，避其所长、攻其所短，发挥自身优势，迎合评标口味；

（4）评标人员的组成结构及其偏好，评标专家尤其是评标组长的专业偏好等，可多听取有关专家意见，多交流，多请进来讲解等进行了解与沟通；

（5）工期与费用报价处置技巧等；

（6）相关勘察单位之间的单位关系和技术专家的个人关系等。

（三）反馈阶段

工作要求：

1.收集评标意见及优化建议并分析：地质资料及工程经验收集与应用不合理；预分析欠缺、不足或深度不够，或预分析漏项；基础预分析估算不合理，造成勘察方案依据不充分；压缩层厚度计算有误造成控制性孔孔深不足；勘察方案经济合理性明显较差；各项技术措施不全，或违反相关技术规范规定；资源配置不合理，或工期违反招标文件规定；计费标准明显有误，造成勘察费用报价不合理；各项服务措施不满足业主或招标文件特殊要求；投标文件编制校审及印制粗糙、错漏较多或缺页等；勘探孔平面布置图零乱，标志不清晰，难以辨别。

2.投标文件优缺点自我剖析：对照评标意见及中标标书优化意见，对自身投标文件进行优缺点分析，找出不足与缺点。

3.中标勘察方案优化及实施勘察方案制订：按中标优化意见对投标勘察方案进行优化，并按优化后勘察方案实施。

4.未中标勘察方案存在技术原因分析：对照"评标意见及优化建议"中可能存在的问题进行技术原因分析，找出技术原因、技术缺陷、工程经验不足等，总结值得提高的各个方面技术。

5.总结投标文件编制尚需提高的技术问题和编制策略；总结值得提高的技术各个方面问题，提出改进措施和编制策略，指导后继勘察文件编制。

第二节 岩土工程勘察合同的签订

一、岩土工程勘察合同签订的原则

岩土工程勘察合同属于商务合同，应遵守自愿原则、平等原则、公平原则、等价有偿原则、诚实信用原则、禁止权利滥用的原则和公序良俗原则。

1.自愿原则

自愿原则的实质，就是在民事活动中当事人的意思自治。即当事人可以根据自己的判断，去从事民事活动，国家一般不干预当事人的自由意志，充分尊重当事人的选择。其内容应该包括自己行为和自己责任两个方面。自己行为，即当事人可以根据自己的意愿决定是否参与民事活动，以及参与的内容、行为方式等；自己责任，即民事主体要对自己参与民事活动所导致的结果承担责任。总结为：民事主体根据自己的意愿自主行使民事权利；民事主体之间自主协商设立、变更或终止民事关系；当事人自愿优于任意民事法律规范。

2. 平等原则

平等原则是指主体的身份平等。身份平等是特权的对立物，是指不论其自然条件和社会处境如何，其法律资格以及权利能力一律平等。《民法通则》第 3 条规定：当事人在民事活动中地位平等。任何自然人、法人在民事法律关系中平等地享有权利，其权利平等地受到保护。总结为：民事权利能力平等、民事主体地位平等和民事权益平等受法律保护。

3. 公平原则

公平原则是指在民事活动中以利益均衡作为价值判断标准，在民事主体之间发生利益关系摩擦时，以权利和义务是否均衡来平衡双方的利益。因此，公平原则是一条法律适用的原则，即当民法规范缺乏规定时，可以根据公平原则来变动当事人之间的权利义务；公平原则又是一条司法原则，即法官的司法判决要做到公平合理，当法律缺乏规定时，应根据公平原则做出合理的判决。

4. 诚实信用原则

所谓诚实信用，其本意是要求按照市场制度的互惠性行事。在缔约时，诚实并不欺不诈；在缔约后，守信用并自觉履行。然而，市场经济的复杂性和多变性显示：无论法律多么严谨，也无法限制复杂多变的市场制度中暴露出的种种弊端，总会表现出某种局限性。

5. 禁止权利滥用原则

禁止权利滥用原则，是指民事主体在进行民事活动中必须正确行使民事权利，如果行使权利损害同样受到保护的他人利益和社会公共利益时，即构成权利滥用。对于如何判断权利滥用，民法通则及相关民事法律规定，民事活动首先必须遵守法律，法律没有规定的，应当遵守国家政策及习惯，行使权利应当尊重社会公德，不得损害社会公共利益、扰乱社会经济秩序。

6. 公序良俗原则

公序良俗原则是指民事主体的行为应当遵守公共秩序，符合善良风俗，不得违反国家的公共秩序和社会的一般道德。公序良俗是公共秩序与善良风俗的简称。《民法通则》第 7 条规定："民事活动应当尊重社会公德。不得损害社会公共利益，破坏国家经济计划，扰乱社会经济秩序。"不少学者认为，本条规定应概括为公序良俗原则。公共秩序，是指国家社会的存在及其发展所必需的一般秩序。善良风俗，是指国家社会的存在及其发展所必需的一般道德。

违反公序良俗的类型有：（1）危害国家公序类型；（2）危害家庭关系类型；（3）违反人权和人格尊严的行为类型；（4）限制经济自由的行为类型；（5）违反公平竞争

行为类型；（6）违反消费者保护的行为类型；（7）违反劳动者保护的行为类型；（8）暴力行为类型等。

7. 等价有偿原则

等价有偿原则是公平原则在财产性质的民事活动中的体现，是指民事主体在实施转移财产等的民事活动中要实行等价交换，取得一项权利应当向对方履行相应的义务，不得无偿占有、剥夺他方的财产，不得非法侵害他方的利益；在造成他方损害的时候，应当等价有偿。现代民法对等价有偿提出挑战，认为很多民事活动，如赠予、赡养和继承等并不是等价有偿进行的，因而等价有偿原则只是一个相对的原则，不能绝对化。

二、岩土工程勘察合同签订条件

经国家或主管部门批准的计划任务书和选点报告，是签订建设工程勘察合同和设计合同的前提。

1. 计划任务书

计划任务书是确定建设项目、编制设计文件的主要依据，其主要内容包括：建设的目的和根据，建设规模和产品方案、生产方法和工艺流程，资源的综合利用，建设地区和占用土地、防空和防震要求，建设工程期限和投资控制数，劳动定员和技术水平等。重大水利枢纽、水电站、大矿区、铁路干线、远距离输油、输气管道计划任务书还应有相应的流程规划、区域规划、路网、管网规划等。

2. 选择具体建设地点的报告

计划任务书和选点报告是勘察设计的基础资料，这些资料经国家或主管部门批准后，建设单位才能向勘察设计单位提出要约，勘察设计单位接到要约后，要对计划任务书进行审查。认为有能力完成此任务的，方可签订合同。

3. 建设工程施工合同的签订条件

（1）初步设计建设工程总概算要经国家或主管部门批准，并编写所需投资和物资的计划。

（2）建设工程主管部门要指定一个具有法人资格的筹建班子。

（3）接受要约的具有法人资格的施工单位，要有能够承担此项目的设备、技术、施工力量（如果是国家重点工程，必须按国家规定要求，不能延误工期）。

4. 发包人的权利与义务

（1）发包人的权利

1）发包人在不妨碍承包人正常作业的情况下，可以随时以作业进度质量进行检查；

2）承包人没有通知发包人检查，自行隐蔽工程的，发包人有权检查，检查费用由承包人负担；

3）发包人在建设工程竣工后，应根据施工图纸及说明书、国家颁发的施工验收规范和质量检验标准进行验收；

4）发包人对因施工人的原因致使建设工程质量不符合约定的，有权要求施工人在合理的期限内无偿修理或者返工、改建。

（2）发包人的义务

1）发包人应当按照合同约定支付价款并且接受该建设工程。

2）未经验收的建设工程，发包人不得使用。发包人擅自使用未经验收的建设工程，发现质量问题的，由发包人承担责任。

3）因发包人的原因致使工程中途停建、缓建的，发包人应当采取措施弥补或者减少损失，赔偿承包人因此造成的停止、窝工、倒运、机械设备调迁、材料和构件积压等损失和实际费用。

4）由于发包方变更计划，提供的材料不准确，或者未按照期限提供必需的勘察、设计工作条件而造成勘察、设计的返工、停工或者修改设计，发包人应当按照勘察人、设计人实际消耗的工作量增付费用。

三、签订工程勘察合同应注意的问题

1. 关于发包人与承包人

（1）对发包方主要应了解两方面的内容：主体资格，即建设相关手续是否齐全。例：建设用地是否已经批准，是否列入投资计划，规划、设计是否得到批准，是否进行了招标等。履约能力即资金问题，施工所需资金是否已经落实或可能落实等。

（2）对承包方主要了解的内容：资质情况、施工能力、社会信誉、财务情况。承包方的二级公司和工程处不能对外签订合同。

上述内容是体现履约能力的指标，应认真分析和判断。

2. 合同价款

（1）招标工程的合同价款由发包人、承包人依据中标通知书中的中标价格在协议书内约定。非招标工程合同价款由发包人、承包人依据工程预算在协议书内约定。

（2）合同价款是双方共同约定的条款，要求第一要协议，第二要确定。暂定价、暂估价、概算价等都不能作为合同价款，约而不定的造价不能作为合同价款。

3. 发包人工作与承包人工作条款

（1）双方各自工作的具体时间要填写准确。

（2）双方所做工作的具体内容和要求应填写详细。

（3）双方不按约定完成有关工作应赔偿对方损失的范围、具体责任和计算方法要填写清楚。

4. 合同价款及调整条款

（1）填写合同价款及调整时应按《通用条款》所列的固定价格、可调价格、成本加酬金三种方式。

（2）采用固定价格应注意明确包死价的种类。如总价包死、单价包死，还是部分总价包死，以免履约过程中发生争议。

（3）采用固定价格必须把风险范围约定清楚。

（4）应当把风险费用的计算方法约定清楚。双方应约定一个百分比系数，也可采用绝对值法。

（5）对于风险范围以外的风险费用，应约定调整方法。

5. 工程预付款条款

（1）填写约定工程预付款的额度应结合工程款、建设工期及包工包料情况来计算。

（2）应准确填写发包人向承包人拨付款项的具体时间或相对时间。

（3）应填写约定扣回工程款的时间和比例。

6. 工程进度款条款

（1）工程进度款的拨付应以发包方代表确认的已完工程量、相应的单价及有关计价依据计算。

（2）工程进度款的支付时间与支付方式可选择：按月结算、分段结算、竣工后一次结算（小工程）及其他结算方式。

7. 违约条款

（1）在合同条款中首先应约定发包人对预付款、工程进度款、竣工结算的违约应承担的具体违约责任。

（2）在合同条款中应约定承包人的违约应承担的具体违约责任。

（3）还应约定其他违约责任。

（4）违约金与赔偿金应约定具体数额和具体计算方法，越具体越好，且具有可操作性，以防止事后产生争议。

8. 争议与工程分包条款

（1）填写争议的解决方式是选择仲裁方式，还是选择诉讼方式，双方应达成一致意见。

（2）如果选择仲裁方式，当事人可以自主选择仲裁机构，仲裁不受级别地域管辖限制。

（3）如果选择诉讼方式，应当选定有管辖权的人民法院（诉讼是地域管辖）。

（4）合同中分包的工程项目须经发包人同意，禁止分包单位将其承包的工程再分包。

9. 关于补充条款

（1）需要补充新条款或哪条、哪款需要细化、补充或修改，可在《补充条款》内尽量补充，按顺序排列如 49、50……

（2）补充条款必须符合国家、现行的法律、法规，另行签订的有关书面协议应与主体合同精神相一致，要杜绝"阴阳合同"。

10. 无效合同

在建筑工程纠纷的司法实践中，建筑工程合同是否有效是首先要明确的问题。根据有关法律规定，以下几种情况会导致建筑工程合同无效。

（1）合同主体不具备资格

根据规定，签订建筑工程合同的承包方，必须具备法人资格和建筑经营资格。只有依法核准拥有从事建筑经营活动资格的企业法人，才有权进行承包经营活动，其他任何单位和个人签订的建筑承包合同，都属于合同主体不符合要求的无效合同。

（2）借用营业执照和资质证书

根据《建筑法》的规定，禁止建筑施工企业以任何形式允许其他单位或者个人使用本企业的资质证书、营业执照，以本企业的名义承揽工程。也就是说，任何非法出借和借用资质证书和营业执照而签订的建筑工程合同都属于无效合同。

（3）越级承包

我国《建筑法》规定，禁止建筑施工企业超越本企业资质等级许可的业务范围承揽工程。在实践中，有的建筑企业超越资质等级、经济实力和技术水平等企业级别内容决定的范围承揽工程，造成工程质量不合格等问题。因此，法律明令规定，凡越级承包的建筑工程合同均属无效。

（4）非法转包

根据《合同法》第272条的规定，发包人可以与总承包人订立建筑工程合同，也可以分别与勘察人、设计人、施工人订立勘察、设计、施工承包合同。发包人不得将应当由一个承包人完成的建设工程分解成若干部分发包给几个承包人。总承包人或者勘察、设计、施工承包人向发包人承担连带责任。承包人不得将其承包的全部建设工程转包给第三人或者将其承包的全部建设工程分解以后以分包的名义分别转包给第三人。禁止承包人将工程分包给不具备相应资质条件的单位。禁止分包单位将其承包的工程再分包。建设工程主体结构的施工必须由承包人自行完成。

《建筑法》第28条规定，禁止承包单位将其承包的全部建筑工程转包给他人，禁止承包单位将其承包的全部建筑工程分解后以分包的名义分别转包给他人。凡以上述禁止形式进行非法转包的建筑工程合同，属无效合同。

（5）违反法定建设程序

建筑工程的发包人在建筑工程合同的订立和履行过程中，必须遵循相应的法定程序，依法办理土地规划使用、建设规划许可等手续。否则，将导致合同无效。发包人在建设项目发包中，有些项目法定程序为招投标，但有的发包人擅自发包给关联企业，有的发包人形式上采用了招投标的方式，但采取暗箱操作或泄露标底或排斥竞标人的方式控制承包人。另外，工程发包后，有些承包人未办理施工许可证就擅自开工。如存在以上违法事实，所签订的建筑工程合同也往往被认定为无效。

第八章 岩土工程勘察方法

第一节 工程地质测绘和调查

一、概述

工程地质测绘与调查是勘测工作的手段之一，是最基本的勘察方法和基础性工作。通过测绘和调查，将查明的工程地质条件及其他有关内容如实地反映在一定比例尺的地形底图上，对进一步的勘测工作有一定的指导意义。

"测绘"是指按有关规范规程的规定要求所进行的地质填图工作。"调查"是指达不到有关规范规程规定的要求所进行的地质填图工作，如降低比例尺精度、适当减少测绘程序、缩小测绘面积或针对某一特殊工程地质问题等。进行工程地质测绘时，对中等复杂的建筑场地可进行工程地质测绘或调查，对简单或已有地质资料的建筑场地可进行工程地质调查。

工程地质测绘与调查宜在可行性研究或初步设计勘测阶段进行。在施工图设计勘测阶段，视需要在初步设计勘测阶段测绘与调查的基础上，对某些专门地质问题（如滑坡、断裂带的分布位置及影响等）进行必要的补充测绘。但是，不是指每项工程的可行性研究或初步设计勘测阶段都要进行工程地质测绘与调查，而是视工程需要而定。

工程地质测绘与调查的基本任务：查明与研究建筑场地及其相邻有关地段的地形、地貌、地层岩性、地质构造、不良地质现象、地表水与地下水情况、当地的建筑经验及人类活动对地质环境造成的影响，结合区域地质资料，分析场地的工程地质条件和存在的主要地质问题，为合理确定与布置勘探和测试工作提供依据。高精度的工程地质测绘不但可以直接用于工程设计，而且为其他类型的勘察工作奠定了基础。可有效地查明建筑区或场地的工程地质条件，并且大大缩短工期，节约投资，提高勘察工作的效率。

工程地质测绘可分为两种：一种是以全面查明工程地质条件为主要目的的综合性测绘；另一种是对某一工程地质要素进行调查的专门性测绘。无论何者，都服务于建筑物的规划、设计和施工，使用时都有特定的目的。

工程地质测绘的研究内容和深度应根据场地的工程地质条件确定，必须目的明确、重点突出、准确可靠。

二、工程地质测绘的内容

工程地质测绘的研究内容首先是工程地质条件，其次是对已有建筑区和采掘区的调查。某一地质环境内的建筑经验和建筑兴建后出现的所有工程地质现象，都是极其宝贵的资料，应予以收集和调查。工程地质测绘是在测区实地进行的地面地质调查工作，工程地质条件中各有关研究内容，凡能通过野外地质调查解决的，都属于工程地质测绘的研究范围。被掩埋于地下的某些地质现象也可通过测绘或配合适当勘察工作加以了解。

工程地质测绘的方法和研究内容与一般地质测绘方法类似，但不等同于它们，主要是因为工程地质测绘是为工程建筑服务的。不同勘察阶段、不同建筑对象，其研究内容的侧重点、详细程度和定量化程度等是不同的。实际工作中，应根据勘察阶段的要求和测绘比例尺大小，分别对工程地质条件的各个要素进行调查研究。

工程地质测绘和调查，宜包括下列内容：

1. 查明地形、地貌特征，地貌单元形成过程及其与地层、构造、不良地质现象的关系划分地貌单元。

2. 岩土的性质、成因、年代、厚度和分布。对岩层应查明风化程度，对土层应区分新近堆积土、特殊性土的分布及其工程地质条件。

3. 查明岩层的产状及构造类型、软弱结构面的产状及其性质，包括断层的位置、类型、产状、断层破碎带的宽度及充填胶结情况，岩、土层接触面及软弱夹层的特性等，第四纪构造活动的形迹特点及与地震活动的关系。

4. 查明地下水的类型，补给来源，排泄条件，井、泉的位置，含水层的岩性特征、埋藏深度，水位变化，污染情况及其与地表水体的关系等。

5. 收集气象、水文、植被、土的最大冻结深度等资料，调查最高洪水位及其发生时间、淹没范围。

6. 查明岩溶、土洞、滑坡、泥石流、崩塌、冲沟、断裂、地震震害和岸边冲刷等不良地质现象的形成、分布、形态、规模、发育程度及其对工程建设的影响。

7. 调查人类工程活动对场地稳定性的影响，包括人工洞穴、地下采空、大挖大填、抽水排水及水库诱发地震等。

8. 建筑物的变形和建筑经验。

三、工程地质测绘范围、比例尺和精度

（一）工程地质测绘范围

在规划建筑区进行工程地质测绘，选择的范围过大会增大工作量，范围过小不能有效查明工程地质条件，满足不了建筑物的要求。因此，需要合理选择测绘范围。

工程地质测绘与调查的范围应包括以下内容：

1. 拟建厂址的所有建（构）筑物场地。建筑物规划和设计的开始阶段，涉及较大范围、多个场地的方案比较，测绘范围应包括与这些方案有关的所有地区。当工程进入后期设计阶段，只对某个具体场地或建筑位置进行测量调查，其测绘范围只需局限于某建筑区的小范围内。可见，工程地质测绘范围随勘察阶段的提高而越来越小。

2. 影响工程建设的不良地质现象分布范围及其生成发育地段。

3. 因工程建设引起的工程地质现象可能影响的范围。建筑物的类型、规模不同，对地质环境的作用方式、强度、影响范围也就不同。工程地质测绘应视具体建筑类型选择合理的测绘范围。例如，大型水库，库水向大范围地质体渗入，必然引起较大范围地质环境变化；一般民用建筑，主要由于建筑物荷重使小范围内的地质环境发生变化。那么，前者的测绘范围至少要包括地下水影响到的地区，而后者的测绘范围不需很大。

4. 对查明测区工程地质条件有重要意义的场地邻近地段。

5. 工程地质条件特别复杂时，应适当扩大范围。工程地质条件复杂而地质资料不充足的地区，测绘范围应比一般情况下适当扩大，以能充分查明工程地质条件、解决工程地质问题为原则。

（二）工程地质测绘比例尺

工程地质测绘比例尺主要取决于勘察阶段、建筑类型、规模和工程地质条件复杂程度。

建筑场地测绘的比例尺，可行性研究勘察可选用 1 ：5000~1 ：50000；初步勘察可选用 1 ：2000~1 ：10 000；详细勘察可选用 1 ：500~1 ：2 000；同一勘察阶段，当其地质条件比较复杂，工程建筑物又很重要时，比例尺可适当放大。

对工程有重要影响的地质单元体（滑坡、断层、软弱夹层、洞穴、泉等），可采用扩大比例尺表示。

火力发电工程地质测绘的比例尺可按表 8-1 确定。

表8-1　火力发电工程地质测绘的比例尺

建筑地段/设计阶段	可行性研究	初步设计
厂区、灰坝坝址、取水泵房	1：5000~1：10000	1：1000~1：5000
厂区/灰坝坝址、取水泵房	1：5000~1：450000	1：2000~1：5000
水管线、灰管线	1：5000~1：450000	1：12000~1：110000

（三）工程地质测绘精度

所谓测绘精度，是指野外地质现象观察描述及表示在图上的精确程度和详细程度。野外地质现象能否客观地反映在工程地质图上，除了取决于调查人员的技术素养外，还取决于工作细致程度。为此，对野外测绘点数量及工程地质图上表达的详细程度做出原则性规定：地质界线和地质观测点的测绘精度，在图上不应低于 3 mm。

野外观察描述工作中，不论何种比例尺，都要求整个图幅上平均 2~3 cm 范围内应有观测点。例如，比例尺 1：50 000 的测绘，野外实际观察点 0.5~1 个/km。实际工作中，视条件的复杂程度和观察点的实际地质意义，观察点间距可适当加密或加大，不必平均布点。

在工程地质图上，工程地质条件各要素的最小单元划分应与测绘的比例尺相适应。一般来讲，在图上最小投影宽度大于 2 mm 的地质单元体，均应按比例尺表示在图上。例如，比例尺 1：2 000 的测绘，实际单元体（如断层带）尺寸大于 4 m 者均应表示在图上。重要的地质单元体或地质现象可适当夸大比例尺，即用超比例尺表示。

为了使地质现象精确地表示在图上，要求任何比例尺图上界线误差不得超过 3 mm。为了达到精度要求，通常要求在测绘填图中，采用比提交成图比例尺大一级的地形图作为填图的底图，如进行 1：10000 比例尺测绘时，常采用 1：5000 的地形图作为外业填图底图。外业填图完成后再缩成 1：10000 的成图，以提高测绘的精度。

四、工程地质测绘方法要点

工程地质测绘方法与一般地质测绘方法基本一样，在测绘区合理布置若干条观测路线，沿线布置一些观察点，对有关地质现象观察描述。观察路线布置应以最短路线观察最多的地质现象为原则。野外工作中，要注意点与点、线与线之间地质现象的互相联系，最终形成对整个测区空间上总体概念的认识。同时，还要注意把工程地质条件和拟建工程的作用特点联系起来分析研究，以便初步判断可能存在的工程地质问题。

地质观测点的布置、密度和定位应满足下列要求：

1.在地质构造线、地层接触线、岩性分界线、标准层位和每个地质单元体上应有地质观测点。

2.地质观测点的密度应根据场地的地貌、地质条件、成图比例尺及工程特点等确定，并应具代表性。

3.地质观测点应充分利用天然和人工露头，如采石场、路堑、井、泉等。当露头少时，应根据具体情况布置一定数量的勘探工作。条件适宜时，还可配合进行物探工作，探测地层、岩性、构造、不良地质作用等问题。

4.地质观测点的定位标测，对成图的质量影响很大，应根据精度要求和地质条件的复杂程度选用目测法、半仪器法和仪器法。地质构造线、地层接触线、岩性分界线、软弱夹层、地下水露头、有重要影响的不良地质现象等特殊地质观测点，宜用仪器法定位。

（1）目测法——适用于小比例尺的工程地质测绘，该法是根据地形、地物以目估或步测距离标测。

（2）半仪器法——适用于中等比例尺的工程地质测绘，它是借助于罗盘仪、气压计等简单的仪器测定方位和高度，使用步测或测绳量测距离。

（3）仪器法——适用于大比例尺的工程地质测绘，即借助于经纬仪、水准仪、全站仪等较精密的仪器测定地质观测点的位置和高程。对于有特殊意义的地质观测点，如地质构造线、不同时代地层接触线、不同岩性分界线、软弱夹层、地下水露头及有不良地质作用等，均宜采用仪器法。

（4）卫星定位系统（GPS）——满足精度条件下均可应用

为了保证测绘工作更好地进行，工作开始前应做好充分准备，如文献资料查阅分析工作、现场踏勘和工作部署、标准地质剖面绘制和工程地质填图单元划分等。测绘过程中，要切实做好地质现象记录、资料及时整理、分析等工作。

进行大面积中小比例尺测绘或者在工作条件不便等情况下进行工程地质测绘时，可以借助航片、卫片解译一些地质现象，对于提高测绘精度和工作进度，将会收到良好效果。航片、卫片以其不同的色调、图像形状、阴影、纹形等，反映了不同地质现象的基本特征。对研究地区的航卫片进行细致的解译，便可得到许多地质信息。我国利用航、卫片配合工程地质测绘或解决一些专门问题已取得不少经验。例如，低阳光角航片能迅速有效地查明活断层；红外扫描图片能较好地分析水文地质条件；小比例尺卫片便于进行地貌特征的研究；大比例尺航片对研究滑坡、泥石流、岩溶等物理地质现象非常有效。在进行区域工程地质条件分析，评价区域稳定性，进行区域物理地质现象和水文地质条件调查分析，进行区域规划和选址、地质环境评价和监测等方面，航片、卫片的应用前景是非常广阔的。

收集航片与卫片的数量，同一地区应有2~3套，一套制作镶嵌略图，一套用于野外调绘，一套用于室内清绘。

初步解译阶段，对航片与卫片进行系统的立体观测，对地貌及第四纪地质进行解译，划分松散沉积物与基岩界线，进行初步构造解译等。第二阶段是野外踏勘与验证。携带图像到野外，核实各典型地质体在照片上的位置，并选择一些地段进行重点研究，以及在一定间距穿越一些路线，做一些实测地质剖面和采集必要的岩性地层标本。

利用遥感影像资料解译进行工程地质测绘时，现场检验地质观测点数宜为工程地质测绘点数的 30%~50%。野外工作应包括下列内容：检查解译标志；检查解译结果；检查外推结果；对室内解译难以获得的资料进行野外补充。

最后阶段成图，将解译取得的资料、野外验证取得的资料及其他方法取得的资料，集中转绘到地形底图上，然后进行图面结构的分析。如有不合理现象，要进行修正，重新解译。必要时，到野外复验，至整个图面结构合理为止。

五、工程地质测绘与调查的成果资料

工程地质测绘与调查的成果资料应包括工程地质测绘实际材料图、综合工程地质图或工程地质分区图、综合地质柱状图、工程地质剖面图及各种素描图、照片和文字说明。

如果是为解决某一专门的岩土工程问题，也可编绘专门的图件。

在成果资料整理中应重视素描图和照片的分析整理工作。美国、加拿大、澳大利亚等国家的岩土工程咨询公司都充分利用摄影和素描这个手段。这不仅有助于岩土工程成果资料的整理，而且在基坑、竖井等回填后，一旦由于科研上或法律诉讼上的需要，就比较容易恢复和重现一些重要的背景资料。在澳大利亚，几乎每份岩土工程勘察报告都附有典型的彩色照片或素描图。

第二节 工程地质勘探和取样

一、概述

通过工程地质测绘对地面基本地质情况有了初步了解以后，当需进一步探明地下隐伏的地质现象，了解地质现象的空间变化规律，查明岩土的性质和分布，采取岩土试样或进行原位测试时，可采用钻探、井探、槽探、洞探和地球物理勘探等常用的工程地质勘探手段。勘探方法的选取应符合勘察目的和岩土的特性。

勘探方法应具备查明地表下岩土体的空间分布的基本功能：能够按照工程要求的岩土分类方法鉴定区分岩土类别；能够按照工程要求的精度确定岩土类别发生变化的空间位置。另外，由于室内实验的要求，在勘探过程中，需为采取岩、土及地下水试样提供条件以及满足开展某种原位测试的要求。勘探的方法很多，但在一项工程勘察中，一般不会采用所有的勘探方法，而是根据工程项目的特点和要求、勘察阶段和目的，特别是地层特性，有针对性地选择勘探方法。例如，要查明深部土层空间分布，钻探是最合适的方法；如果要探明浅埋地质现象和障碍物，探坑或探槽往往是首选的勘探方法。

现场勘探作业应以勘察纲要为指导，以事先在勘探点平面布置图上确定的勘探点位为依据，并通过场地附近的坐标和高程控制点现场测放定位勘探点。如果受现场地形地物影响需要调整勘探点位，应将实际勘探点位标注在平面图上，并注明与原来点位的偏差距离方位和高程信息。

工程地质勘探的主要任务：探明地下有关的地质情况，揭露并划分地层、量测界线，采取岩土样，鉴定和描述岩土特性、成分和产状；了解地质构造，不良地质现象的分布界限、形态等，如断裂构造、滑动面位置等；为深部取样及现场试验提供条件。自钻孔中选取岩土试样，供实验室分析，以确定岩土的物理力学性质；同时，勘探形成的坑孔可为现场原位试验提供场所，如十字板剪力试验、标准贯入试验、土层剪切波速测试地应力测试、水文地质试验等；揭露并测量地下水埋藏深度，采取水样供实验室分析，了解其物理化学性质及地下水类型；利用勘探坑孔可以进行某些项目的长期观测及不良地质现象处理等工作。

静力触探、动力触探作为勘探手段时，应与钻探等其他勘探方法配合使用。钻探和触探各有优缺点，有互补性，二者配合使用能取得良好的效果。触探的力学分层直观而连续，但单纯的触探由于其多解性容易造成误判。如以触探为主要勘探手段，除非有经验的地区，一般均应有一定数量的钻孔配合。

1. 岩土工程勘察技术工作是岩土工程师根据建设项目的特点和场地条件，按照相关技术标准的规定，通过测绘、勘探、测试和室内实验，取得反映场地岩土工程条件、满足工程分析和设计需要的资料数据，综合研究工程特性、环境地质、工程地质、水文地质和地震地质条件等，经过计算、分析、论证，提出解决岩土工程问题的具体方法、岩土工程设计准则和施工指导意见等，以及工程施工中的岩土工程技术服务。

2. 岩土工程勘察技术工作的主要内容如下：进行现场踏勘，搜集分析研究已有资料，制订岩土工程勘察纲要，对工程地质测绘与调查、勘探与取样、原位测试、工程物探、室内试验、现场试验、检测监测等现场实物工作进行技术指导和督查，以勘察成果为基础，进行资料整理、绘制图表，经过统计计算、分析论证、综合评价，提交岩土工程勘察报告。

3. 岩土工程勘察技术工作收费＝（工程地质测绘实物工作收费＋勘探实物工作收费＋取试样实物工作收费＋原位测试实物工作收费＋勘探点定点测量实物工作收费＋钻孔波速测试实物工作收费＋室内试验实物工作收费）×岩土工程勘察技术工作费收费比例。

4. 在国标《岩土工程勘察规范》中，根据岩土工程重要性、场地复杂程度和地基复杂程度将岩土工程勘察划分为甲级、乙级和丙级三个等级。据此，将技术工作收费比例划分为相对应的三个等级。

5.对利用已有勘察资料提出勘察报告的情况做出规定。由于没有进行勘察作业，技术工作收费无法按照工程勘察实物工作量的一定比例计费。在此情况下，先计算获取已有勘察资料的工程勘察实物工作量；再以该实物工作量为基础，按照本收费标准计算相应的实物工作收费额，以此作为该岩土工程勘察技术工作收费的计费基数。但计算工程勘察收费，不将利用已有勘察资料的实物工作费计算在内。

布置勘探工作时应考虑勘探对工程自然环境的影响，防止对地下管线、地下工程和自然环境的破坏。钻孔、探井和探槽完工后应妥善回填，否则可能造成对自然环境的破坏，这种破坏往往在短期内或局部范围内不易察觉，但能引起严重后果。因此一般情况下钻孔、探井和探槽均应回填，且应分段回填夯实。

进行钻探、井探槽深和洞探时，应采取有效措施，确保施工安全。

二、工程地质钻探

钻探广泛应用于工程地质勘查，是岩土工程勘察的基本手段。通过钻探提取岩芯和采集岩土样以鉴别和划分地层，测定岩土层的物理力学性质，需要时还可直接在钻孔内进行原位测试，其成果是进行工程地质评价和岩土工程设计、施工的基础资料，钻探质量的高低对整个勘察的质量起决定性的作用。除地形条件对机具安置有影响外，几乎任何条件下均可使用钻探方法。由于钻探工作耗费人力、物力和财力较大，因此，要在工程地质测绘及物探等工作基础上合理布置钻探工作。

钻探工作中，岩土工程勘察技术人员主要做三方面工作：一是编制作为钻探依据的设计书；二是在钻探过程中进行岩心观测、编录；三是钻探结束后进行资料内业整理。

（一）钻孔设计书编制

钻探工作开始之前，岩土工程勘察技术人员除编制整个项目的岩土工程勘察纲要外，还应逐个编制钻孔设计书。在设计书中，应向钻探技术人员阐明以下内容：

1.钻孔的位置，钻孔附近地形、地质概况。

2.钻孔目的及钻进中应注意的问题。

3.钻孔类型、孔深、孔身结构、钻进方法、开孔和终孔直径、扩径深度、钻进速度及固壁方式等。

4.应根据已掌握的资料，绘制钻孔设计柱状剖面图，说明将要遇到的地层岩性、地质构造及水文地质情况，以便钻探人员掌握一些重要层位的位置，加强钻探管理，并据此确定钻孔类型、孔深及孔身结构。

5. 提出工程地质要求，包括岩心采取率、取样、孔内试验、观测、止水及编录等各方面的要求。

6. 说明钻探结束后对钻孔的处理意见，钻孔留作长期观测或封孔。

（二）钻探方法的选择

工程地质勘查中使用的钻探方法较多。一般情况下，采用机械回转式钻进，常规口径为开孔 168mm、终孔 91mm。但不是所有的方法都能满足岩土工程勘察的特定要求。例如，冲洗钻探能以较高的速度和较低的成本达到某一深度，能了解松软覆盖层下的硬层（如基岩、卵石）的埋藏深度，但不能准确鉴别所通过的地层。因此，一定要根据勘察的目的和地层的性质来选择适当的钻探方法，既满足质量标准，又避免不必要的浪费。

1. 地层特点及钻探方法的有效性。

2. 能保证以一定的精度鉴别地层，包括鉴别钻进地层的岩土性质、确定其埋藏深度与厚度，能查明钻进深度范围内地下水的赋存情况。

3. 尽量避免或减轻对取样段的扰动影响，能采取符合质量要求的试样或进行原位测试。

在踏勘调查基坑检验等工作中可采用小口径螺旋钻、小口径勺钻、洛阳铲等简易钻探工具进行浅层土的勘探。

实际工作中的偏向是着重注意钻进的有效性，而不太重视如何满足勘察技术要求。为了避免这种偏向，达到一定的目的，制订勘察工作纲要时，不仅要规定孔位、孔深，而且要规定钻探方法。钻探单位应按任务书指定的方法钻进，提交成果中也应包括钻进方法的说明。在实际工程中，钻探的一个重要功能是为采取满足质量要求的试样提供条件。对于要求采取岩土试样的钻孔，应采用扰动小的回转钻进方法。如在黏性土层钻进，根据经验一般可采用螺旋钻进；对于碎石土，可采用植物胶浆液护臂金刚石单动双管钻具钻进。

钻探方法和工艺多年来一直在不断发展。例如，用于覆盖层的金刚石钻进、全孔钻进及循环钻进，定向取芯、套钻取芯工艺，用于特种情况的倒锤孔钻进，软弱夹层钻进等，这些特殊钻探方法和工艺在某些情况下有其特殊的使用价值。对于需要鉴别土层天然湿度和划分土层的钻孔，在地下水位以上，应采用干钻。如果需要加水或使用循环液时，应采用内管超前的双层岩芯管钻进或三重管取土器钻进。

一般条件下，工程地质钻探采用垂直钻进方式。某些情况下，如被调查的地层倾角较大，可选用斜孔或水平孔钻进。

总之，在选择钻探方法时，首先应考虑所选择的钻探方法是否能够有效地钻至所需深度，并能以一定的精度鉴定穿过地层的岩土类别和特性，确定其埋藏深度、分层界线和厚度，查明钻进深度范围内地下水的赋存情况；其次要考虑能够满足取样要求，或进行原位测试，避免或减轻对取样段的扰动。

（三）钻探技术要求

1. 钻探点位测设于实地应符合下列要求：

（1）初步勘察阶段：平面位置允许偏差 ±0.5 m，高程允许偏差 ±5 cm。

（2）详细勘察阶段：平面位置允许偏差 ±0.25m，高程允许偏差 ±5cm；城市规划勘察阶段选址勘察阶段：可利用适当比例尺的地形图依地形地物特征确定钻探点位和孔口高程。钻进深度、岩土分层深度的测量误差范围不应低于 ±5 cm。

（3）因障碍改变钻探点位时，应将实际钻探位置及时标明在平面图上，注明与原桩位的偏差距离、方位和地面高差，必要时应重新测定点位。

（4）钻孔口径和钻具规格应根据钻探目的和钻进工艺，采取原状土样的钻孔，口径不得小于91mm，仅需鉴别地层的钻孔，口径不宜小于36mm；在湿陷性黄土中，钻孔口径不宜小于 150 mm。

（5）应严格控制非连续取芯钻进的回次进尺，使分层精度符合要求。

螺旋钻探回次进尺不宜超过 1.0 m，在主要持力层中或重点研究部位，回次进尺不宜超过 0.5 m，并应满足鉴别厚度小至 20 cm 的薄层的要求。对岩芯钻探，回次进尺不得超过岩芯管长度，在软质岩层中不得超过 2.0 m。

在水下粉土、砂土层中钻进，当土样不易带上地面时，可用对分式取样器或标准贯入器间断取样，其间距不得大于 1.0 m。取样段之间则用无岩芯钻进方式通过，亦可采用无泵反循环方式用单层岩芯管回转钻进并连续取芯。

（6）为了尽量减少对地层的扰动，保证鉴别的可靠性和取样质量，对要求鉴别地层和取样的钻孔，均应采用回转方式钻进，取得岩土样品。遇到卵石、漂石、碎石、块石等类地层不适用于回转钻进时，可改用振动回转方式钻进。

对鉴别地层天然湿度的钻孔，在地下水位以上应进行干钻。当必须加水或使用循环液时，应采用能隔离冲洗液的二重或三重管钻进取样。在湿陷性黄土中应采用螺旋钻头钻进，亦可采用薄壁钻头锤击钻进。操作应符合"分段钻进、逐次缩减、坚持清孔"的原则。

对可能坍塌的地层应采取钻孔护壁措施。在浅部填土及其他松散土层中可采用套管护壁。在地下水位以下的饱和软黏性土层、粉土层和砂层中宜采用泥浆护壁。在破碎岩层中可视需要采用优质泥浆、水泥浆或化学浆液护壁。冲洗液漏失严重时，应采取充填、封闭等堵漏措施。钻进中应保持孔内水头压力等于或稍大于孔周地下水压，提钻时应能通过钻头向孔底通气通水，防止孔底土层由于负压、管涌而受到扰动破坏。如若采用螺纹钻头钻进，则引起管涌的可能性较大，故必须采用带底阀的空心螺纹钻头（提土器），以防止提钻时产生负压。

（7）岩芯钻探的岩心采取率应逐次计算，完整和较完整岩体不应低于 80%，较破碎和破碎岩体不应低于 65%。对需重点查明的部位（滑动带、软弱夹层等）应采用双层岩芯管连续取芯。当需要确定岩石质量指标 RQD 时，应采用 75 mm 口径（N 型）双层岩芯管和金刚石钻头。

（8）钻进过程中各项深度数据均应测量获取，累计量测允许误差为 ±5 cm。深度超过 100m 的钻孔及有特殊要求的钻孔包括定向钻进、跨孔法测量波速，应测斜、防斜，保持钻孔的垂直度或预计的倾斜度与倾斜方向。对垂直孔，每 50 m 测量一次垂直度，每深 100 m 允许偏差为 ±2°。对斜孔，每 25m 测量一次倾斜角和方位角，允许偏差应根据勘探设计要求确定。钻孔斜度及方位偏差超过规定时，应及时采取纠斜措施。倾角及方位的测量精度应分别为 ±0.1°、±3.0°。

（四）地下水观测

对钻孔中的地下水位及动态，含水层的水位标高、厚度、地下水水温、水质、钻进中冲洗液消耗量等，要做好观测记录。

钻进中遇到地下水时，应停钻量测初见水位。为测得单个含水层的静止水位，对砂类土停钻时间不少于 30 min；对粉土不少于 1 h；对黏性土层不少于 24 h，并应在全部钻孔结束后，同一天内量测各孔的静止水位。水位测量可使用测水钟或电测水位计。水位允许误差为 ±1.0 cm。

钻孔深度范围内有两个以上含水层，且钻探任务书要求分层量测水位时，在钻穿第一含水层并进行静止水位观测之后，应采用套管隔水，抽干孔内存水，变径钻进，再对下一含水层进行水位观测。

因采用泥浆护壁影响地下水位观测时，可在场地范围内另外布置若干专用的地下水位观测孔，这些钻孔可改用套管护壁。

（五）钻探编录与成果

野外记录应由经过专业训练的人员承担。钻探记录应在钻探进行过程中同时完成，严禁事后追记，记录内容应包括岩土描述及钻进过程两个部分。

钻探现场记录表的各栏均应按钻进回次逐项填写。在每个回次中发现变层时，应分行填写，不得将若干回次或若干层合并一行记录。现场记录不得誊录转抄，误写之处可以画去，在旁边做更正，不得在原处涂抹修改。

1. 岩土描述

钻探现场描述可采用肉眼鉴别、手触方法，有条件或勘察工作有明确要求时，可采用微型贯入仪等标准化、定量化的方法。

各类岩土描述应包括的内容如下：

（1）砂土：应描述名称、颜色、湿度、密度、粒径、浑圆度、胶结物、包含物等。

（2）黏性土、粉土：应描述名称、颜色、湿度、密度、状态、结构、包含物等。

（3）岩石：应描述颜色、主要矿物、结构、构造和风化程度。对沉积岩尚应描述颗粒大小、形状、胶结物成分和胶结程度；对岩浆岩和变质岩尚应描述矿物结晶大小和结晶程度。对岩体的描述还应包括结构面、结构体特征和岩层厚度。

2. 钻进过程的记录内容

关于钻进过程的记录内容应符合下列要求：

（1）使用的钻进方法、钻具名称、规格、护壁方式等。

（2）钻进的难易程度、进尺速度、操作手感、钻进参数的变化情况。

（3）孔内情况，应注意缩径、回淤、地下水位或冲洗液位及其变化等。

（4）取样及原位测试的编号深度位置、取样工具名称规格、原位测试类型及其结果。

（5）岩心采取率、RQD 值等。

应对岩芯进行细致的观察、鉴定，确定岩土体名称，进行岩土有关物理性状的描述。钻取的芯样应由上而下按回次顺序放进岩芯箱并按次序将岩芯排列编号，芯样侧面上应清晰标明回次数块号本回次总块数，如用 10 表示第 10 回次共 8 块芯样中的第 3 块，并做好岩芯采取情况的统计工作，包括岩芯采取率、岩芯获得率和岩石质量指标的统计。此三项指标均是反映岩石质量好坏的依据，其数值越大，反映岩石性质越好。但是，性质并不好的破碎或软弱岩体，有时也可以取得较多的细小岩芯，倘若按岩芯采取率与岩芯获得率统计，也可以得到较高的数值，按此标准评价其质量，显然不合理，因而在实际中广泛使用 RQD 指标进行岩芯统计，评价岩石质量好坏。

（6）其余异常情况。

3. 钻探成果

资料整理主要包括以下工作：

（1）编制钻孔柱状图。

（2）填写操作及水文地质日志。

（3）岩土芯样可根据工程要求保存一定期限或长期保存，亦可进行岩芯素描或拍摄岩芯、土芯彩照。

这三份资料实质上是前述工作的图表化直观反映，它们是最终的钻探成果，一定要认真整理、编制，以备存档查用。

三、工程地质坑探

当钻探方法难以准确查明地下情况时，可采用探井、探槽进行勘探。在坝址、地下工程、大型边坡等勘察中，需详细查明深部岩层性质、构造特征时，可采用竖井或平硐。

（一）坑探工程类型

坑探是由地表向深部挖掘坑槽或坑洞，以便地质人员直接深入地下了解有关地质现象或进行试验等使用的地下勘探工作。勘探中常用的勘探工程包括探槽、试坑、浅井（或斜井）、平硐、石门（平巷）等类型。

（二）坑探工程施工要求

探井的深度、竖井和平硐的深度、长度、断面按工程要求确定。

探井断面可用圆形或矩形。圆形探井直径可取 0.8~1.0 m；矩形探井可取 0.8 m×1.2m。根据土质情况，需要适当放坡或分级开挖时，井口可大于上述尺寸。

探井探槽深度不宜超过地下水位且不宜超过 20 m。掘进深度超过 10 m，必要时应向井、槽底部通风。

土层易坍塌，又不允许放坡或分级开挖时，对井槽壁应设支撑保护。根据土质条件可采用全面支护或间隔支护。全面支护时，应每隔 0.5m 及在需要着重观察部位留下检查间隙。

探井、探槽开挖过程中的土石方必须堆放在离井槽口边缘至少 1.0 m 以外的地方。雨季施工应在井、槽口设防雨棚，开挖排水沟，防止地面水及雨水流入井、槽内。

遇大块孤石或基岩，用一般方法不能掘进时，可采用控制爆破方式掘进。

（三）资料成果整理

坑探掘进过程中或成洞后，应详细进行有关地质现象的观察描述，并将所观察到的内容用文字及图表表示出来，即工程地质编录工作。除文字描述记录外，尚应以剖面图、展示图等反映井、槽、洞壁和底部的岩性、地层分界、构造特征、取样和原位试验位置并辅以代表性部位的彩色照片。

1.坑洞地质现象的观察描述

观察、描述的内容因类型及目的不同而不同，一般包括以下内容：地层岩性的分层和描述；地质结构（包括断层、裂隙、软弱结构面等）特征的观察描述；岩石风化特点描述及分带；地下水渗出点位置及水质水量调查；不良地质现象调查；等等。

2.坑探工程展示图编制

展示图是任何坑探工程必须制作的重要地质图件，它是将每一壁面的地质现象按划分的单元体和一定比例尺表示在一张平面图上。对于坑洞任一壁（或顶底）面而言，展示图的做法同测制工程地质剖面方法完全一样。但如何把每个壁面有机地连在一起，表示在一张图上，则有不同的展开表示方法。原则上既要如实反映地质内容，又要图件实用美观，一般有以下展开方法：

（1）四面辐射展开法

该法是将四壁各自向外放平，投影在一个平面上。对于试坑或浅井等近立方形坑洞可以采用这种方法。缺点是四面辐射展开图件不够美观，而且地质现象往往被割裂开来。

（2）四面平行展开法

该法是以一面为基准，其他三面平行展开。浅井、竖井等竖向长方体坑洞宜采用此种展开法。缺点是图中无法反映壁面的坡度。平硐这类水平长方体，宜以底面（或顶面）为基准，两壁面展开，为了反映顶、底、两侧壁及工作面 5 个面的情况，在展开过程中，常常遇到开挖面不平直或有一定坡度的问题。一般情况下，可按理想的标准开挖面考虑；否则，采用其他方法予以表示。

四、岩土试样的采取

取样的目的是通过对样品的鉴定或试验，试验岩、土体的性质，获取有关岩、土体的设计计算参数。岩土体特别是土体通常是非均质的，而取样的数量总是有限，因此必须力求以有限的取样数量反映整个岩、土体的真实性状。这就要求采用良好的取样技术，包括取样的工具和操作方法，使所取试样能尽可能地保持岩土的原位特征。

（一）土试样的质量分级

严格地说，任何试样，一旦从母体分离出来成为样品，其原位特征或多或少会发生改变，围压的变化更是不可避免的。试样从地下到达地面之后，原位承受的围压降低至大气压力。

土试样可能因此产生体积膨胀，孔隙水压的重新分布，水分的转移可能会使岩石试样出现裂隙地张开甚至发生爆裂。软质岩石与土试样很容易在取样过程中受到结构的扰动破坏，取出地面之后，密度、湿度改变并发生一系列物理、化学的变化。由于这些原因，绝对的代表原位性状的试样是不可能获得的。因此，Hvorslev 将"能满足所有室内试验要求，能用以近似测定土的原位强度、固结、渗透以及其他物理性质指标的土样"定义为"不扰动土样"。从工程实用角度而言，用于不同试验项目的试样有不同的取样要求，不必强求一律。例如，要求测定岩土的物理、化学成分时，必须注意防止有同层次岩土的混淆；要了解岩土的密度和湿度时，必须尽量减轻试样的体积压缩或松胀、水分的损失或渗入；要了解岩土的力学性质时，除上述要求外，还必须力求避免试样的结构扰动破坏。

土试样质量应根据试验目的按表 8-2 分为四个等级。

表8-2 土试样质量等级

级别	扰动程度	试验内容
一	不扰动	土类定名、含水量，密度，强度试验，固结试验
二	轻微扰动	土类定名、含水量，密度土类定名，含水量土类定名
三	显著扰动	土类定名，含水量
四	完全扰动	土类定名

注：①不扰动是指原位应力状态虽已改变，但土的结构、密度和含水量变化很小不能满足室内试验各项要求。

②除地基基础设计等级为甲级的工程外，在工程技术要求允许的情况下可用 I 级土试样进行强度和固结试验，但宜先对土试样受扰动程度做抽样鉴定，判定用于试验的适宜性，并结合地区经验使用试验成果。

土试样扰动程度的鉴定有多种方法，大致可分为以下几类：

1. 现场外观检查

观察土样是否完整，有无缺陷，取样管或衬管是否挤扁、弯曲、卷折等。

2. 测定回收率

按照 Hvorslev 的定义，回收率为 L/H，其中，H 为取样时取土器贯入孔底以下土层的深度；L 为土样长度，可取土试样毛长，而不必是净长，即可从土试样顶端算至取土器刃口，下部如有脱落可不扣除。

回收率等于 0.98 左右是最理想的，大于 1.0 或小于 0.95 是土样受扰动的标志；取样回收率可在现场测定，但使用敞口式取土器时，测定有一定的困难。

3.X 射线检验

可发现裂纹、空洞、粗粒包裹体等。

应当指出，上述指标的特征值不仅取决于土试样的扰动程度，而且与土的自身特性和试验方法有关，故不可能提出一个统一的衡量标准，各地应按照本地区的经验参考使用上述方法和数据。

一般而言，事后检验把关并不是保证土试样质量的积极措施。对土试样做质量分级的指导思想是强调事先的质量控制，即对采取某一级别土试样所必须使用的设备和操作条件做出严格的规定。

（二）土试样采取的工具和方法

土样采取有两种途径：一是操作人员直接从探井、探槽中采取；二是在钻孔中通过取土器或其他钻具采取。从探井、探槽中采取的块状或盒状土样被认为是质量最高的。对土试样质量的鉴定，往往以块状或盒状土样作为衡量比较的标准。但是，探井、探槽开挖成本高、时间长并受到地下水等多种条件的制约，因此块状、盒状土样不是经常能得到的。实际工程中，绝大部分土试样是在钻孔中利用取土器具采取的。个别孔取样需要根据岩、土性质、环境条件，采用不同类型的钻孔取土器。

1. 钻孔取土器的分类

钻孔取土器类型如表8-3所示。

表8-3　钻孔取土器类型

取土器划分原则	取土器类型
按贯入方式	锤击式，回转式，包括静压式
按取样管壁厚度	厚壁，薄壁，束节式
按结构特征（底端是否封闭）	敞口式，活塞式（包括固定活塞式、自由活塞式、水压固定活塞式）
回转式按衬管活动情况	双层单动取土器（如丹尼森取土器、皮切尔取土器）双层双动取土器（二重管、三重管）
按封闭形式	球阀式，活阀式，气压式

2. 钻孔取土器的技术参数与系列规格

贯入型取土器的取样质量首先决定于它的取样管的几何尺寸与形状。早在20世纪40年代，通过大量的试验研究，提出了取土器设计制造所应控制的基本技术参数。

为了促进我国取土器的标准化、系列化，我国工程勘察协会原状取土器标准化系列化工作委员会提出了中国取土器的系列标准。

在钻孔中采取Ⅰ、Ⅱ级砂样时，可采用原状取砂器，也可采用冷冻法采取砂样。

（三）钻孔取样的技术要求

钻孔取样的效果不单纯决定于采用什么样的取土器，还取决于取样全过程的操作技术。在钻孔中采取Ⅰ、Ⅱ级砂样时，应满足下列要求：

1. 钻孔施工的一般要求

（1）采取原状土样的钻孔，孔径应比使用的取土器外径大一个径级。

（2）在地下水位以上，应采用干法钻进，不得注水或使用冲洗液。土质较硬时，可采用二（三）重管回转取土器，钻进、取样合并进行。

（3）在饱和软黏性土、粉土、砂土中钻进，宜采用泥浆护壁；采用套管时应先钻进后跟进套管，套管的下设深度与取样位置之间应保留三倍管径以上的距离；不得向未钻过的土层中强行击入套管；为避免孔底土隆起受扰，应始终保持套管内的水头高度等于或稍高于地下水位。

（4）钻进宜采用回转方式；在地下水位以下钻进应采用通气通水的螺旋钻头、提土器或岩芯钻头，在鉴别地层方面无严格要求时，也可以采用侧喷式冲洗钻头成孔，但不得使用底喷式冲洗钻头；在采取原状土试样的钻孔中，不宜采用振动或冲击方式钻进，采用冲洗、冲击、振动等方式钻进时，应在预计取样位置1 m以上改用回转钻进。

（5）下放取土器前应仔细清孔，清除扰动土，孔底残留浮土厚度不应大于取土器废土段长度（活塞取土器除外）且不得超过 5cm。

（6）钻机安装必须牢固，保持钻进平稳，防止钻具回转时抖动，升降钻具时应避免对孔壁的扰动破坏。

2. 贯入式取土器取样操作要求

（1）取土器应平稳下放，不得冲击孔底。取土器下放后，应核对孔深与钻具长度，发现残留浮土厚度超过规定时，应提起取土器重新清孔。

（2）采取 I 级原状土试样，应采用快速、连续的静压方式贯入取土器，贯入速度不小于 0.1m/s，利用钻机的给进系统施压时，应保证具有连续贯入的足够行程；采取 II 级原状土试样可使用间断静压方式或重锤少击方式。

（3）在压入固定活塞取土器时，应将活塞杆牢固地与钻架连接起来，避免活塞向下移动；在贯入过程中监视活塞杆的位移变化时，可在活塞杆上设定相对于地面固定点的标志测记其高差；活塞杆位移量不得超过总贯入深度的 1%。

（4）贯入取样管的深度宜控制在总长的 90% 左右；贯入深度应在贯入结束后仔细量测并记录。

（5）提升取土器之前，为切断土样与孔底土的联系，可以回转 2~3 圈或者稍加静置之后再提升。

（6）提升取土器应做到均匀平稳，避免磕碰。

3. 回转式取土器取样操作要求

（1）采用单动、双动二（三）重管采取原状土试样，必须保证平稳回转钻进，使用的钻杆应事先校直；为避免钻具抖动，造成土层的扰动，可在取土器上加接重杆。

（2）冲洗液宜采用泥浆，钻进参数宜根据各场地地层特点通过试钻确定或根据已有经验确定。

（3）取样开始时应将泵压、泵量减至能维持钻进的最低限度，然后随着进尺的增加，逐渐增加至正常值。

（4）回转取土器应具有可改变内管超前长度的替换管靴；内管口至少应与外管齐平，随着土质变软，可使内管超前增加至 50~150 mm；对软硬交替的土层，宜采用具有自动调节功能的改进型单动二（三）重管取土器。

（5）对硬塑以上的硬质黏性土、密实砾砂、碎石土和软岩中，可使用双动三重管取样器采取原状土试样；对于非胶结的砂、卵石层，取样时可在底靴上加置逆爪。

（6）采用无泵反循环钻进工艺，可以用普通单层岩芯管采取砂样；在有充足经验的地区和可靠操作的保证下，可作为 II 级原状土试样。

（四）土样的现场检验、封装、贮存、运输

1. 土试样的卸取

取土器提出地面之后，小心地将土样连同容器（衬管）卸下，并应符合下列要求：

（1）以螺钉连接的薄壁管，卸下螺钉即可取下取样管。

（2）对丝扣连接的取样管回转型取土器，应采用链钳、自由钳或专用扳手卸开，不得使用管钳之类易使土样受挤压或使取样管受损的工具。

（3）采用外管非半合管的带衬管取土器时，应使用推土器将衬管与土样从外管推出，并应事先将推土端土样削至略低于衬管边缘，防止推土时土样受压。

（4）对各种活塞取土器，卸下取样管之前应打开活塞气孔，消除真空。

2. 土样的现场检验

对钻孔中采取的 I 级原状土试样，应在现场测量取样回收率。取样回收率大于 1.0 或小于 0.95 时，应检查尺寸量测是否有误，土样是否受压，根据情况决定土样废弃或降低级别使用。

3. 封装、标识、贮存和运输

1、2、3 级土试样应妥善密封，防止湿度变化，土试样密封后应置于温度及湿度变化小的环境中，严防曝晒或冰冻。土样采取之后至开土试验之间的贮存时间，不宜超过两周。

土样密封可选用下列方法：

（1）将上下两端各去掉约 20mm，加上一块与土样截面面积相当的不透水圆片，再浇灌蜡液，至与容器齐平，待蜡液凝固后扣上胶或塑料保护帽。

（2）用配合适当的盒盖将两端盖严后，将所有接缝用纱布条蜡封或用粘胶带封口。

每个土样封蜡后均应填贴标签，标签上下应与土样上下一致，并牢固地粘贴于容器外壁。土样标签应记载下列内容：工程名称或编号；孔号、土样编号、取样深度；土类名称；取样日期；取样人姓名等。土样标签记载应与现场钻探记录相符。取样的取土器型号、贯入方法、锤击时击数、回收率等应在现场记录中详细记载。

运输土样，应采用专用土样箱包装，土样之间用柔软缓冲材料填实。一箱土样总重不宜超过 40kg，在运输中应避免振动。对易于振动液化和水分离析的土试样，不宜长途运输，宜在现场就近进行试验。

（五）岩石试样

岩石试样可利用钻探岩芯制作或在探井、探槽、竖井和平洞中刻取。采取的毛样尺寸应满足试块加工的要求。在特殊情况下，试样形状、尺寸和方向由岩体力学试验设计确定。

五、工程地质物探

应用于工程建设水文地质和岩土工程勘测中的地球物理勘探统称工程物探（以下简称物探）。它是利用专门仪器探测地壳表层各种地质体的物理场，包括电场、磁场、重力场等，通过测得的物理场特性和差异来判明地下各种地质现象，获得某些物理性质参数的一种勘探方法。这些物理场特性和差异分别由于各地质体间导电性、磁性、弹性、密度、放射性、波动性等物理性质及岩土体的含水性、空隙性、物质成分、固结胶结程度等物理状态的差异表现出来。采用不同探测方法可以测定不同的物理场，因而便有电法勘探、地震勘探、磁法勘探等物探方法。目前常用的方法有电法、地震法、测井法、岩土原位测试技术、基桩无损检测技术、地下管线探测技术、氡气探测技术、声波测试技术、瑞雷波测试技术等。

（一）物探在岩土工程勘察中的作用

物探是地质勘测、地基处理、质量检测的重要手段。结合工程建设勘测设计的特点，合理地使用物探，可提高勘测质量，缩短工作周期，降低勘探成本。岩土工程勘察中可在下列方面采用地球物理勘探：

1. 作为钻探的先行手段，了解隐蔽的地质界线、界面或异常点。

2. 作为钻探的辅助手段，在钻孔之间增加地球物理勘探点，为钻探成果的内插外推提供依据。

3. 作为原位测试手段，测定岩土体的波速、动弹性模量、特征周期、土对金属的腐蚀性等参数。

（二）物探方法的适用条件

应用地球物理勘探方法时，应具备下列基本条件：

1. 被探测对象与周围介质应存在明显的物性（电性、弹性、密度、放射性等）差异。

2. 探测对象的厚度、宽度或直径，相对于埋藏深度应具有一定的规模。

3. 探测对象的物性异常能从干扰背景中清晰分辨。

4. 地形影响不应妨碍野外作业及资料解释，或对其影响能利用现有手段进行地形修正。

5. 物探方法的有效性，取决于最大限度地满足被探测对象与周围介质应存在的明显物性差异。在实际工作中，由于地形、地貌、地质条件的复杂多变，在具体应用时，应符合下列要求：

（1）通过研究和在有代表性地段进行方法的有效性试验，正确选择工作方法；

（2）利用已知地球物理特征进行综合物探方法研究；

（3）运用勘探手段查证异常性质，结合实际地质情况对异常进行再推断。

物探方法的选择，应根据探测对象的埋深、规模及其与周围介质的物性差异，结合各种物探方法的适用条件选择有效的方法。

（三）物探的一般工作程序

物探的一般工作程序是接受任务、收集资料、现场踏勘、编制计划、方法试验、外业工作、资料整理、提交成果。在特殊情况下，也可以简化上述程序。

在正式接受任务前，应会同地质人员进行现场踏勘，如有必要应进行方法试验。通过踏勘或方法试验确认不具备物探工作条件时，可申述理由请求撤销或改变任务。

工作计划大纲应根据任务书要求，在全面收集和深入分析测区及其邻近区域的地形、地貌、水系、气象、交通、地质资料与已知物探资料的基础上，结合实际情况进行编制。

（四）物探成果的判识及应用

物探过程中，工程地质、岩土工程和地球物理勘探的工程师应密切配合，共同制订方案，分析判认成果。

进行物探成果判识时，应考虑其多解性，区分有用信息与干扰信号。物探工作必须紧密地与地质相结合，重视试验及物性参数的测定，充分利用岩土介质的各种物理特性，需要时应采用多种方法探测，开展综合物探，进行综合判识，克服单一方法条件性、多解性的局限，以获得正确的结论，并应有已知物探参数或一定数量的钻孔验证。

物探工作应积极采用和推广新技术，开拓新途径，扩大应用范围；重视物探成果的验证及地质效果的回访。

第三节　原位测试

在岩土工程勘察中，原位测试是十分重要的手段，在探测地层分布、测定岩土特性、确定地基承载力等方面有突出的优点，应与钻探取样和室内试验配合使用。在有经验的地区，可以原位测试为主。在选择原位测试方法时，应根据岩土条件、设计对参数的要求、设备要求、勘察阶段、地区经验和测试方法的适用性等因素选用，而地区经验的成熟程度最为重要。

布置原位测试，应注意配合钻探取样进行室内试验。一般应以原位测试为基础，在选定的代表性地点或有重要意义的地点采取少量试样，进行室内试验。这样的安排有助于缩短勘察周期，提高勘察质量。

根据原位测试成果，利用地区性经验估算岩土工程特性参数和对岩土工程问题做出评价时，应与室内试验和工程反算参数做对比，检验其可靠性。原位测试成果的应用，应以地区经验的积累为依据。由于我国各地的土层条件、岩土特性有很大差别，建立全国统一的经验关系是不可取的，应建立地区性的经验关系，这种经验关系必须经过工程实践的验证。

原位测试的仪器设备应定期检验和标定。各种原位测试所得的试验数据，造成误差的因素是较为复杂的，分析原位测试成果资料时，应注意仪器设备、试验条件、试验方法、操作技能、土层的不均匀性等对试验的影响，对此应有基本的估计，结合地层条件，剔除异常数据，提高测试数据的精度。静力触探和圆锥动力触探，在软硬地层的界面上，有超前和滞后效应，应予以注意。

一、载荷试验

（一）载荷试验的目的、分类和适用范围

载荷试验简称 DLT（Dead Load Test），用于测定承压板下应力主要影响范围内岩土的承载力和变形模量。天然地基土载荷试验有平板、螺旋板载荷试验两种，常用的是平板载荷试验。

平板载荷试验（plate loading test）是在岩土体原位用一定尺寸的承压板，施加竖向荷载，同时观测各级荷载作用下承压板沉降，测定岩土体承载力和变形特性；平板载荷试验有浅层平板、深层平板载荷试验两种。浅层平板载荷试验，适用于浅层地基土。对于地下深处和地下水位以下的地层，浅层平板载荷试验已显得无能为力。深层平板载荷试验适用于深层地基土和大直径桩的桩端土。深层平板载荷试验的试验深度不应小于 5m。

螺旋板载荷试验（screw plate loading test）是将螺旋板旋入地下预定深度，通过传力杆向螺旋板施加竖向荷载，同时量测螺旋板沉降测定土的承载力和变形特性。螺旋板载荷试验适用于深层地基土或地下水位以下的地基土。进行螺旋板载荷试验时，如旋入螺旋板深度与螺距不相协调，土层也可能发生较大扰动。当螺距过大，竖向荷载作用大，可能发生螺旋板本身的旋进，影响沉降的量测。这些问题，应注意避免。

（二）试验设备

1. 平板载荷试验设备

平板载荷试验设备一般由加荷及稳压系统、反力锚定系统和观测系统三部分组成：

（1）加荷及稳压系统：由承压板、立柱、油压千斤顶及稳压器等组成。采用液压加荷稳压系统时，还包括稳压器、储油箱和高压油泵等，分别用高压胶管连接与加荷千

斤顶构成一个油路系统。

（2）反力锚定系统：常采用堆重系统或地锚系统，也有采用坑壁（或洞顶）反力支撑系统。

（3）观测系统：用百分表观测或自动检测记录仪记录，包括百分表（或位移传感器）、基准梁等。

2. 螺旋板载荷试验设备

国内常用的是由华东电力设计院研制的 YDL 型螺旋板载荷试验仪。该仪器是由地锚和钢梁组成反力架，螺旋承压板上端装有压力传感器，由人力通过传力杆将承压板旋入预定的试验深度，在地面上用液压千斤顶通过传力杆对板施加荷载，沉降量是通过传力杆在地面上量测。

（三）试验点位置的选择

天然地基载荷试验点应布置在有代表性的地点和基础底面标高处，且布置在技术钻孔附近。当场地地质成因单一、土质分布均匀时，试验点离技术钻孔距离不应超过10m，反之不应超过5m，也不宜小于2m。严格控制试验点位置选择的目的是使载荷试验反映的承压板影响范围内地基土的性状与实际基础下地基土的性状基本一致。

载荷试验点，每个场地不宜少于3个，当场地内岩土体不均时，应适当增加。

一般认为，载荷试验在各种原位测试中是最为可靠的，并以此作为其他原位测试的对比依据。但这一认识的正确性是有前提条件的，即基础影响范围内的土层应均一。实际土层往往是非均质土或多层土，当土层变化复杂时，载荷试验反映的承压板影响范围内地基土的性状与实际基础下地基土的性状将有很大的差异。故在进行载荷试验时，对尺寸效应要有足够的估计。

（四）试验的一般技术要求

1. 浅层平板载荷试验的试坑宽度或直径不应小于承压板宽度或直径的3倍；深层平板载荷试验的试井直径应等于承压板直径；当试井直径大于承压板直径时，紧靠承压板周围土的高度不应小于承压板直径。

对于深层平板载荷试验，试井截面应为圆形，直径宜取0.8~1.2m，并有安全防护措施；承压板直径取800mm时，采用厚约300mm的现浇混凝土板或预制的刚性板；可直接在外径为800mm的钢环或钢筋混凝土管柱内浇筑；紧靠承压板周围土层高度不应小于承压板直径，以尽量保持半无限体内部的受力状态，避免试验时土的挤出；用立柱与地面的加荷装置连接，也可利用井壁护圈作为反力，加荷试验时应直接测读承压板的沉降。

2. 试坑或试井底应注意使其尽可能平整，应避免岩土扰动，保持其原状结构和天然湿度，并在承压板下铺设不超过20mm的砂垫层找平，尽快安装试验设备，保证承压板与土之间有良好的接触；螺旋板头入土时，应按每转一圈下入一个螺距进行操作，减少对土的扰动。

3. 载荷试验宜采用圆形刚性承压板，根据土的软硬或岩体裂隙密度选用合适的尺寸；土的浅层平板载荷试验承压板面积不应小于 0.25 ㎡，对软土和粒径较大的填土不应小于 0.5 ㎡，否则易发生歪斜；对碎石土，要注意碎石的最大粒径；对硬的裂隙黏土及岩层，要注意裂隙的影响；土的深层平板载荷试验承压板面积宜选用 0.5 ㎡；岩石载荷试验承压板的面积不宜小于 0.07 ㎡。

4. 载荷试验加荷方式应采用分级维持荷载沉降相对稳定法（常规慢速法）；有地区经验时，可采用分级加荷沉降非稳定法（快速法）或等沉速率法，以加快试验周期。如试验目的是确定地基承载力，必须有对比的经验；如试验目的是确定土的变形特性，则快速加荷的结果只反映不排水条件的变形特性，不反映排水条件的固结变形特性；加荷等级宜取 10~12 级，并不应少于 8 级，荷载量测精度不应低于最大荷载的 ±1%。

5. 承压板的沉降可采用百分表或电测位移计量测，其精度不应低于 ±0.01 mm；当荷载沉降曲线无明确拐点时，可加测承压板周围土面的升降、不同深度土层的分层沉降或土层的侧向位移，这有助于判别承压板下地基土受荷后的变化、发展阶段及破坏模式和判定拐点。

对慢速法，当试验对象为土体时，每级荷载施加后，间隔 5 min、5 min，10 min、10 min、15min，15min 测读一次沉降，以后间隔 30min 测读一次沉降，当连续两小时每小时沉降量小于等于 0.1 mm 时，可认为沉降已达相对稳定标准，施加下一级荷载；当试验对象是岩体时，间隔 1 min、2 min，2 min、5 min 测读一次沉降，以后每隔 10 min 测读一次，当连续三次读数差小于等于 0.01mm 时，可认为沉降已达相对稳定标准，施加下一级荷载。

6. 一般情况下，载荷试验应做到破坏，获得完整的 p-s 曲线，以便确定承载力特征值；只有试验目的为检验性质时，加荷至设计要求的 2 倍时即可终止。

在确定终止试验标准时，对岩体而言，常表现为承压板上和板外的测表不停地变化，这种变化有增加的趋势。此外，有时还表现为荷载加不上，或加上去后很快降下来。当然，如果荷载已达到设备的最大出力，则不得不终止试验，但应判定是否满足了试验要求。

当出现下列情况之一时，可终止试验：承压板周边的土出现明显侧向挤出，周边岩土出现明显隆起或径向裂缝持续发展，这表明受荷地层发生整体剪切破坏，属于强度破坏极限状态；本级荷载的沉降量大于前级荷载沉降量的 5 倍，荷载与沉降曲线出现明显陡降；在某级荷载下 24h 沉降速率不能达到相对稳定标准；等速沉降或加速沉降，表明承压板下产生塑性破坏或刺入破坏，这是变形破坏极限状态；总沉降量与承压板直径（或宽度）之比超过 0.06，属于超过限制变形的正常使用极限状态。

（五）资料整理、成果分析

1. 资料整理

根据载荷试验成果分析要求，应绘制荷载（p）与沉降（s）曲线，必要时绘制各级荷载下沉降（s）与时间（t）或时间对数（lg t）曲线。

2. 成果分析

（1）确定地基承载力

应根据 p-s 曲线拐点，必要时结合 s-tgt 曲线特征，确定比例界限压力和极限压力。

当 p-s 呈缓变曲线时，可取对应于某一相对沉降值（s/d，d 为承压板直径或边长）的压力评定地基土承载力。

（2）计算变形模量

土的变形模量应根据 p-s 曲线的初始直线段，按均质各向同性半无限弹性介质的弹性理论计算。浅层平板载荷试验的变形模量 Eo；浅层平板载荷试验的变形模量 E。

（六）各类载荷试验的要点

1. 浅层平板载荷试验要点（《建筑地基基础设计规范》GB-50007—2010）

（1）地基土浅层平板载荷试验可适用于确定浅部地基土层的承压板下应力主要影响范围内的承载力。承压板面积不应小于 0.25 ㎡，对于软土不应小于 0.5 ㎡。

（2）试验基坑宽度不应小于承压板宽度或直径的 3 倍。应保持试验土层的原状结构和天然湿度。宜在拟试压表面用粗砂或中砂层找平，其厚度不超过 20mm。

（3）加荷分级不应少于 8 级，最大加载量不应小于设计要求的 2 倍。

（4）每级加载后，按间隔 10 min、10 min、10 min、15 min、15 min，以后为每隔 0.5 h 测读一次沉降量，当在连续 2 h 内，每小时的沉降量小于 0.1 mm 时，则认为已趋稳定，可加下一级荷载。

（5）当出现下列情况之一时，即可终止加载：承压板周围的土明显地侧向挤出；沉降 s 急剧增大，荷载—沉降（p-s）曲线出现陡降段；在某一级荷载下，24h 内沉降速率不能达到稳定；沉降量与承压板宽度或直径比大于或等于 0.06。

当满足前三种情况之一时，其对应的前一级荷载定为极限荷载。

（6）承载力特征值的确定应符合下列规定：当 p-s 曲线上有比例界限时，取该比例界限所对应的荷载值；当极限荷载小于对应比例界限的荷载值的 2 倍时，取极限荷载值的一半；当不能按上述两款要求确定时，压板面积为 0.25~0.50 ㎡，可取 s/b-0.01~0.015 所对应的荷载，但其值不应大于最大加载量的一半。

（7）同一土层参加统计的试验点不应少于 3 点，当试验实测值的极差不超过其平均值的 30% 时，取平均值作为土层的地基承载力特征值。

2. 深层平板载荷试验要点《建筑地基基础设计规范》GB-50007—2010）

（1）深层平板载荷试验的承压板采用直径为 0.8m 的刚性板，紧靠承压板周围外侧的土层高度应不少于 80 cm。

（2）加荷等级可按预估极限承载力的 1/10~1/15 分级施加。

（3）每级加荷后，第一个小时内按间隔 10 min、10 min、10 min、15 min、15 min，以后为每隔 0.5h 测读一次沉降；当在连续 2h 内，每小时的沉降量小于 0.1mm 时，则认为已趋稳定，可加下一级荷载。

（4）当出现下列情况之一时，可终止加载：

1）沉降急骤增大，荷载—沉降（p-s）曲线上有可判定极限承载力的陡降段，且沉降量超过 0.04d（d 为承压板直径）；

2）在某级荷载下 24h 内沉降速率不能达到稳定；

3）本级沉降量大于前一级沉降量的 5 倍；

4）当持力层土层坚硬沉降量很小时，最大加载量不小于设计要求的 2 倍。

（5）承载力特征值的确定应符合下列规定：

1）当 p-s 曲线上有比例界限时取该比例界限所对应的荷载值；

2）满足前三条终止加载条件之一时，其对应的前一级荷载定为极限荷载，当该值小于对应比例界限的荷载值的 2 倍时，取极限荷载值的一半；

3）不能按上述两款要求确定时，可取 s/d=0.01~0.015 所对应的荷载值，但其值不应大于最大加载量的一半。

（6）同一土层参加统计的试验点不应少于 3 点。

3. 岩基载荷试验要点（《建筑地基基础设计规范》GB-50007—2010）

（1）适用于确定完整、较完整、较破碎岩基作为天然地基或桩基础持力层时的承载力。

（2）采用圆形刚性承压板，直径为 300mm。当岩石埋藏深度较大时，可采用钢筋混凝土桩，但桩周需采取措施以消除桩身与土之间的摩擦力。

（3）测量系统的初始稳定读数观测：加压前，每隔 10min 读数一次，连续三次读数不变可开始试验。

（4）加载方式：单循环加载荷载逐级递增直到破坏然后分级卸载。

（5）荷载分级：第一级加载值为预估设计荷载的 1/5，以后每级为 1/10。

（6）沉降量测读：加载后立即读数，以后每 10min 读数一次。

（7）稳定标准：连续三次读数之差均不大于 0.01 mm。

（8）终止加载条件：当出现下述现象之一时，可终止加载：

1）沉降量读数不断变化，在 24h 内，沉降速率有增大的趋势；

2）压力加不上或勉强加上而不能保持稳定。

注：若限于加载能力，荷载也应增加到不少于设计要求的 2 倍。

（9）卸载观测：每级卸载为加载时的 2 倍，如为奇数，第一级可为 3 倍。每级卸载后，隔 10 min 测读一次，测读三次后可卸下一级荷载。全部卸载后，当测读到半小时回弹量小于 0.01mm 时，即认为稳定。

（10）岩石地基承载力的确定：

1）对应于 p-s 曲线上起始直线段的终点为比例界限。符合终止加载条件的前一级荷载为极限荷载。将极限荷载除以 3 的安全系数，所得值与对应于比例界限的荷载相比较，取小值。

2）每个场地载荷试验的数量不应少于 3 个，取最小值作为岩石地基承载力特征值。

3）岩石地基承载力不进行深宽修正。

4. 复合地基载荷试验要点（《建筑地基处理技术规范》JGJ-79—2012）

（1）本试验要点适用于单桩复合地基载荷试验和多桩复合地基载荷试验。

（2）复合地基载荷试验用于测定承压板下应力，主要影响范围内复合土层的承载力和变形参数。复合地基载荷试验承压板应具有足够刚度。单桩复合地基载荷试验的承压板可用圆形或方形，面积为一根桩承担的处理面积；多桩复合地基载荷试验的承压板可用方形或矩形，其尺寸按实际桩数所承担的处理面积确定。桩的中心（或形心）应与承压板中心保持一致，并与荷载作用点相重合。

（3）承压板底面标高应与桩顶设计标高相适应。承压板底面下宜铺设粗砂或中砂垫层，垫层厚度取 50~150mm，桩身强度高时宜取大值。试验标高处的试坑长度和宽度，应不小于承压板尺寸的 3 倍。基准梁的支点应设在试坑之外。

（4）试验前应采取措施，防止试验场地地基土含水量变化或地基土扰动，以免影响试验结果。

（5）加载等级可分为 8~12 级。最大加载压力不应小于设计要求压力值的 2 倍。

（6）每加一级荷载前后均应各读记承压板沉降量一次，以后每 0.5h 读记一次。当 1h 内沉降量小于 0.1 mm 时，即可加下一级荷载。

（7）当出现下列现象之一时可终止试验：

1）沉降急剧增大，土被挤出或承压板周围出现明显的隆起；

2）承压板的累计沉降量已大于其宽度或直径的 6%；

3）当达不到极限荷载而最大加载压力已大于设计要求压力值的 2 倍。

（8）卸载级数可为加载级数的一半，等量进行，每卸一级，间隔 0.5 h，读记回弹量，待卸完全部荷载后间隔 3h 读记总回弹量。

（9）复合地基承载力特征值的确定：

1）当压力—沉降曲线上极限荷载能确定，而其值不小于对应比例界限的 2 倍时，可取比例界限；当其值小于对应比例界限的 2 倍时，可取极限荷载的一半。

2）当压力—沉降曲线是平缓的光滑曲线时，可按相对变形值确定。

对砂石桩振冲桩复合地基或强夯置换墩当以黏性土为主的地基，可取 s/b 或 s/d 等于 0.015 所对应的压力（s 为载荷试验承压板的沉降量；b 和 d 分别为承压板宽度和直径，当其值大于 2 m 时，按 2 m 计算）；当以粉土或砂土为主的地基，可取 s/b 或 s/d 等于 0.01 所对应的压力。

对土挤密桩、石灰桩或柱锤冲扩桩复合地基，可取 s/b 或 s/d 等于 0.012 所对应的压力。对灰土挤密桩复合地基，可取 s/b 或 s/d 等于 0.008 所对应的压力。

对水泥粉煤灰碎石桩或夯实水泥土桩复合地基，当以卵石、圆砾、密实粗中砂为主的地基，可取 s/b 或 s/d 等于 0.008 所对应的压力；当以黏性土、粉土为主的地基，可取 s/b 或 s/d 等于 0.01 所对应的压力。

对水泥土搅拌桩或旋喷桩复合地基，可取 s/b 或 s/d 等于 0.006 所对应的压力。

对有经验的地区，也可按当地经验确定相对变形值。

按相对变形值确定的承载力特征值不应大于最大加载压力的一半。

（10）试验点的数量不应少于 3 点，当满足其极差不超过平均值的 30% 时，可取其平均值为复合地基承载力特征值。

5. 单桩竖向静载荷试验要点《建筑桩基检测技术规范》（JGJ-106—2014）

（1）本要点适用于检测单桩竖向抗压承载力

采用接近于竖向抗压桩的实际工作条件的试验方法，确定单桩竖向（抗压）极限承载力，作为设计依据或对工程桩的承载力进行抽样检验和评价。当埋设有桩底反力和桩身应力、应变测量元件时，尚可直接测定桩周各土层的极限侧阻力和极限端阻力。为设计提供依据的试桩，应加载至破坏；当桩的承载力以桩身强度控制时，可按设计要求的加载量进行；对工程桩抽样检测时，加载量不应小于设计要求的单桩承载力特征值的 2 倍。

（2）试验加载宜采用油压千斤顶。当采用 2 台及 2 台以上千斤顶加载时应并联同步工作，且应符合下列规定：

1）采用的千斤顶型号、规格应相同；

2）千斤顶的合力中心应与桩轴线重合。

（3）加载反力装置可根据现场条件选择锚桩横梁反力装置、压重平台反力装置、锚桩压重联合反力装置、地锚反力装置，并应符合下列规定：

1）加载反力装置能提供的反力不得小于最大加载量的 1.2 倍。

2）应对加载反力装置的全部构件进行强度和变形验算。

3）应对锚桩抗拔力（地基土、抗拔钢筋、桩的接头）进行验算；采用工程桩做锚桩时，锚桩数量不应少于 4 根，并应监测锚桩上拔量。

4）压重应在试验开始前一次加足，并均匀稳固地放置于平台上。

5）压重施加于地基的压应力不宜大于地基承载力特征值的 1.5 倍，有条件时宜利用工程桩作为堆载支点。

（4）荷载测量可用放置在千斤顶上的荷重传感器直接测定，或采用并联于千斤顶油路的压力表或压力传感器测定油压，根据千斤顶率定曲线换算荷载。传感器的测量误差不应大于 1%。压力表精度应优于或等于 0.4 级。试验用压力表、油泵、油管在最大加载时的压力不应超过规定工作压力的 80%。

（5）沉降测量宜采用位移传感器或大量程百分表，并应符合下列规定：

1）测量误差不大于 0.1%FS，分辨力优于或等于 0.01 mm。

2）直径或边宽大于 500 mm 的桩，应在其两个方向对称安置 4 个位移测试仪表，直径或边宽小于等于 500mm 的桩，可对称安置 2 个位移测试仪表。

3）沉降测定平面宜在桩顶 200 mm 以下位置，不得在承压板上或千斤顶上设置沉降观测点，避免因承压板变形导致沉降观测数据失实。测点应牢固地固定于桩身。

4）基准梁应具有一定的刚度，梁的一端应固定在基准桩上，另一端应简支于基准桩上。基准桩应打入地面以下足够深度，一般不小于 1 m。

5）固定和支撑位移计（百分表）的夹具及基准梁应避免气温、振动及其他外界因素的影响。应采取有效的遮挡措施，以减少温度变化和刮风下雨的影响，尤其是昼夜温差较大且白天有阳光照射时更应注意。

（6）试桩、锚桩（压重平台支墩边）和基准桩之间的中心距离应符合规定。

（7）开始试验时间：预制桩在砂土中入 ±7 d 后，粉土 10d 后，非饱和黏性土不得少于 15d；对于饱和黏性土不得少于 25 d，灌注桩应在桩身混凝土至少达到设计强度的 75%，且不小于 15MPa 才能进行。泥浆护壁的灌注桩，宜适当延长休止时间。

（8）桩顶部宜高出试坑底面，试坑底面宜与桩承台底标高一致。混凝土桩头加固应符合下列要求：

1）混凝土桩应先凿掉桩顶部的破碎层和软弱混凝土。

2）桩头顶面应平整，桩头中轴线与桩身上部的中轴线应重合。

3）桩头主筋应全部直通至桩顶混凝土保护层之下，各主筋应在同一高度上。距桩顶 1 倍桩径范围内，宜用厚度为 3~5 mm 的钢板围裹或距桩顶 1.5 倍桩径范围内设置箍筋，间距不宜大于 100 mm。桩顶应设置钢筋网片 2~3 层，间距 60~100 mm。

4）桩头混凝土强度等级宜比桩身混凝土提高 1~2 级，且不得低于 C30。

（9）对作为锚桩用的灌注桩和有接头的混凝土预制桩，检测前宜对其桩身完整性进行检测。

（10）试验加卸载方式应符合下列规定：

1）加载应分级进行，采用逐级等量加载；分级荷载宜为最大加载量或预估极限承载力的 1/10，其中第一级可取分级荷载的 2 倍。

2）卸载应分级进行，每级卸载量取加载时分级荷载的 2 倍，逐级等量卸载。

3）加、卸载时应使荷载传递均匀、连续、无冲击，每级荷载在维持过程中的变化幅度不得超过分级荷载的 ±10%。

（11）为设计提供依据的竖向抗压静载试验应采用慢速维持荷载法。慢速维持荷载法试验步骤应符合下列规定：

1）每级荷载施加后按第 5 min、15 min、30 min、45 min、60 min 测读桩顶沉降量，以后每隔 30 min 测读一次。

2）试桩沉降相对稳定标准：每 1 h 内的桩顶沉降量不超过 0.1 mm，并连续出现两次（从分级荷载施加后第 30min 开始，按 1.5h 连续三次每 30min 的沉降观测值计算）。

3）当桩顶沉降速率达到相对稳定标准时，再施加下一级荷载。

4）卸载时，每级荷载维持 1h，按第 15min、30min、60min 测读桩顶沉降量后，即可卸下一级荷载。卸载至零后，应测读桩顶残余沉降量，维持时间为 3h，测读时间为第 15min、30min，以后每隔 30min 测读一次。

（12）施工后的工程桩验收检测宜采用慢速维持荷载法。当有成熟的地区经验时，也可采用快速维持荷载法。快速维持荷载法的每级荷载维持时间至少为 1 h，是否延长维持荷载时间应根据桩顶沉降收敛情况确定。一般快速维持荷载法试验可采用下列步骤进行：

1）每级荷载施加后维持 1 h，按第 5 min、15 min、30 min 测读桩顶沉降量，以后每隔 15min 测读一次。

2）测读时间累计为 1h 时，若最后 15min 时间间隔的桩顶沉降增量与相邻 15min 时间间隔的桩顶沉降增量相比未明显收敛时，应延长维持荷载时间，直到最后 15min 的沉降增量小于相邻 15 min 的沉降增量为止。

3）当桩顶沉降速率达到相对稳定标准时，再施加下一级荷载。

4）卸载时，每级荷载维持 15min，按第 5min、15min 测读桩顶沉降量后，即可卸下一级荷载。卸载至零后，应测读桩顶残余沉降量，维持时间为 2 h，测读时间为第 5 min、15min、30 min，以后每隔 30 min 测读一次。

（13）当出现下列情况之一时，可终止加载：

1）某级荷载作用下，桩顶沉降量大于前一级荷载作用下沉降量的 5 倍。注：当桩顶沉降能相对稳定且总沉降量小于 40mm 时，宜加载至桩顶总沉降量超过 40 mm。

2）某级荷载作用下，桩顶沉降量大于前一级荷载作用下沉降量的 2 倍，且经 24 h 尚未达到相对稳定标准。

3）已达到设计要求的最大加载量。

4）当工程桩做锚桩时，锚桩上拔量已达到允许值。

5）当荷载—沉降曲线呈缓变形时，可加载至桩顶总沉降量 60~80mm；在特殊情况下，可根据具体要求加载至桩顶累计沉降量超过 80mm。

（14）检测数据的整理应符合下列规定：

1）确定单桩竖向抗压承载力时，应绘制竖向荷载—沉降、沉降—时间对数曲线，需要时也可绘制其他辅助分析所需曲线。

2）当进行桩身应力、应变和桩底反力测定时，应整理出有关数据的记录表，并绘制桩身轴力分布图，计算不同土层的分层侧摩阻力和端阻力值。

（15）单桩竖向抗压极限承载力统计值的确定应符合下列规定：

1）参加统计的试桩结果，当满足其极差不超过平均值的 30% 时，取其平均值为单桩竖向抗压极限承载力。

2）当极差超过平均值的 30% 时，应分析极差过大的原因，结合工程具体情况综合确定，必要时可增加试桩数量。

3）对桩数为 3 根或 3 根以下的柱下承台，或工程桩抽检数量少于 3 根时，应取低值。

（16）单位工程同一条件下的单桩竖向抗压承载力特征值 Ra 应按单桩竖向抗压极限承载力统计值的一半取值。

二、静力触探试验

静力触探试验是用静力匀速将标准规格的探头压入土中，利用探头内的力传感器，同时通过电子量测仪器将探头受到的贯入阻力记录下来。由于贯入阻力的大小与土层的性质有关，因此通过贯入阻力的变化情况，可以达到测定土的力学特性，了解土层的目的，具有勘探和测试双重功能；孔压静力触探试验除静力触探原有功能外，在探头上附加孔隙水压力量测装置，用于量测孔隙水压力增长与消散。

静力触探试验适用于软土、一般黏性土、粉土、砂土和含少量碎石的土。静力触探可根据工程需要采用单桥探头、双桥探头或带孔隙水压力量测的单、双桥探头，可测定比贯入阻力、锥尖阻力、侧壁摩阻力和贯入时的孔隙水压力。

目前广泛应用的是电测静力触探，即将带有电测传感器的探头，用静力以匀速贯入土中，根据电测传感器的信号，测定探头贯入土中所受的阻力。按传感器的功能，静力触探分为常规的静力触探（CPT，包括单桥探头、双桥探头）和孔压静力触探（CPTU）。单桥探头测定的是比贯入阻力，双桥探头测定的是锥尖阻力和侧壁摩阻力，孔压静力触探探头是在单桥探头或双桥探头上增加量测贯入土中时土中的孔隙水压力（简称孔压）的传感器。国外还发展了各种多功能的静探探头，如电阻率探头、测振探头、侧应力探头、旁压探头、波速探头、振动探头、地温探头等。

（一）静力触探设备

1. 静力触探仪

静力触探仪按贯入能力大致可分为轻型（20~50 kN）、中型（80~120 kN）、重型（200~300 kN）3种；按贯入的动力及传动方式可分为人力给进、机械传动及液压传动3种；按测力装置可分为油压表式、应力环式、电阻应变式及自动记录等不同类型。我国铁道部鉴定批量生产的2Y-16型双缸液压静力触探仪，是由加压及锚定、动力及传动、油路、量测4个系统组成。加压及锚定系统：双缸液压千斤顶的活塞与卡杆器相连，卡杆器将探杆固定，千斤顶在油缸的推力下带动探杆上升或下降，该加压系统的反力则由固定在底座上的地锚来承受。动力及传动系统由汽油机、减速箱和油泵组成，其作用是完成动力的传递和转换，汽油机输出的扭矩和转速，经减速箱驱动油泵转动，产生高压油，从而把机械能转变为液体的压力能。油路系统由操纵阀、压力表、油箱及管路组成，其作用是控制油路的压力、流量、方向和循环方式，使执行机构按预期的速度、方向和顺序动作，并确保液压系统的安全。

探头由金属制成，有锥尖和侧壁两个部分，锥尖为圆锥体，锥角一般为60° 探头。探头总贯入阻力 p 为锥尖总阻力和侧壁总摩阻力加之和。

双桥探头，其探头和侧壁套筒分开，并有各自测量变形的传感器。孔压探头，它不仅具有双桥探头的作用，还带有滤水器，能测定触探时的孔隙水压力。滤水器的位置可在锥尖或锥面或在锥头以后圆柱面上，不同位置所测得的孔压是不同的，孔压的消散速率也是不同的。微孔滤水器可由微孔塑料、不锈钢、陶瓷或砂石等制成。微孔孔径要求既有一定的渗透性，又能防止土粒堵塞孔道，并有高的进气压力（保证探头不致进气），一般要求渗透性为10~2 cm/s，孔径为15~20 μ m。

2. 静力触探量测仪器

目前，我国常用的静力触探测量仪器有两种类型：一种为电阻应变仪，另一种为自动记录仪。现在基本都已采用自动记录仪，可以直接将野外数据传入计算机处理。

（1）电阻应变仪

电阻应变仪由稳压电源、振荡器、测量电桥、放大器、相敏检波器和平衡指示器等组成。应变仪是通过电桥平衡原理进行测量的。当触探头工作时，传感器发生变形，引起测量桥路的平衡发生变化，通过手动调整电位器使电桥达到新的平衡，根据电位器调整程序就可确定应变量的大小，并从读数盘上直接读出。因需手工操作，易发生漏读或误读，现已不太使用。

（2）自动记录仪

静力触探自动记录仪，是由通用的电子电位差计改装而成，它能随深度自动记录土层贯入阻力的变化情况，并以曲线的方式自动绘在记录纸上，从而提高了野外工作的效率和质量。自动记录仪主要由稳压电源、电桥、滤波器、放大器、滑线电阻和可逆电机组成。由探头输出的信号，经过滤波器以后，到达测量电桥，产生不平衡电压，经放大器放大后，推动可逆电机转动，与可逆电机相连的指示机构，就沿着有分度的标尺滑行，标尺是按讯号大小比例刻制的，因而指示机构所指示的位置即为被测讯号的数值。

深度控制是在自动记录仪中采用一对自整角机，即 45LF5B 及 45LJ5B（或 5A 型）。

现在已将静力触探试验过程引入微机控制的行列，采用数据采集处理系统。它能自动采集数据、存储数据、处理数据、打印记录表，并实时显示和绘制静力触探曲线。

3. 水下静力触探（CPT）试验装置

广州市辉固技术服务有限公司拥有一种下潜式的静力触探工作平台，供进行水下静力触探之用，并已用于世界各地的海域。工作时用带有起吊设备的工作母船将该平台运到指定水域，定点后用起吊设备将该工作平台放入水中，并靠其自重沉到河床（或海床）上。平台只通过系留钢缆和电缆与水面上的母船相连。

（二）试验的技术要求

1. 探头圆锥锥底截面积应采用 10 cm² 或 15 cm²，单桥探头侧壁高度应分别采用 57 mm 或 70 mm，双桥探头侧壁面积应采用 150~300 cm²，锥尖锥角应为 60°。

圆锥截面积国际通用标准为 10 cm²，但国内勘察单位广泛使用 15 cm² 的探头；10 cm² 与 15 cm² 的贯入阻力相差不大，在同样的土质条件和极具贯入能力的情况下，10 cm² 比 15 cm² 的贯入深度更大；为了向国际标准靠拢，最好使用锥头底面积为 10 cm² 的探头。探头的几何形状及尺寸会影响测试数据的精度，故应定期进行检查。

2. 探头应匀速垂直压入土中，贯入速率为 1.2 m/min。贯入速率要求匀速，贯入速率（1.2±0.3）m/min 是国际通用的标准。

3. 探头测力传感器应连同仪器、电缆进行定期标定，室内探头标定测力传感器的非线性误差、重复性误差、滞后误差、温度漂移、归零误差均应小于 1%FS，现场试验归零误差应小于 3%，这是试验数据质量好坏的重要标志；探头的绝缘度 3 个工程大气压下保持 2h。

4. 贯入读数间隔一般采用 0.1 m，不超过 0.2 m，深度记录误差不超过触探深度的±1%。

5. 当贯入深度超过 30 m 或穿过厚层软土后再贯入硬土层时，应采取措施防止孔斜或断杆，也可配置测斜探头，量测触探孔的偏斜角，校正土层界线的深度。

为保证触探孔与垂直线间的偏斜度小，所使用探杆的偏斜度应符合标准：最初 5 根探杆每米偏斜小于 0.5 mm，其余小于 1 mm；当使用的贯入深度超过 50 m 或使用 15~20 次，应检查探杆的偏斜度；如贯入厚层软土，再穿入硬层、碎石土、残积土，每用过一次应进行探杆偏斜度检查。

触探孔一般至少距探孔 25 倍孔径或 2 m。静力触探宜在钻孔前进行，以免钻孔对贯入阻力产生影响。

6. 孔压探头在贯入前，应在室内保证探头应变腔为已排除气泡的液体所饱和，并在现场采取措施保持探头的饱和状态，直至探头进入地下水位以下的土层为止；在孔压静探试验过程中不得上提探头。

7. 当在预定深度进行孔压消散试验时，应量测停止贯入后不同时间的孔压值，其计时间隔由密而疏合理控制；试验过程不得松动探杆。

（三）成果应用

1. 划分土层和判定土类

根据贯入曲线的线性特征，结合相邻钻孔资料和地区经验，划分土层和判定土类；计算各土层静力触探有关试验数据的平均值，或对数据进行统计分析，提供静力触探数据的空间变化规律。

根据静探曲线在深度上的连续变化可对土进行力学分层，并可根据贯入阻力的大小、曲线形态特征、摩阻比的变化、孔压曲线对土类进行判别，进行工程分层。土层划分应考虑超前和滞后现象，土层界线划分时，应注意以下问题：

当上下层贯入阻力有变化时，由于存在超前和滞后现象，分层层面应划在超前与滞后范围内。上下土层贯入阻力相差不到 1 倍时，分层层面取超前深度和滞后深度的中点（或中点偏向小阻力土层 5~10 cm）。上下土层贯入阻力相差 1 倍以上时，取软层最后一个（或第一个）低贯入阻力偏向硬层 10~15 cm 作为分层层面。

2. 其他应用

根据静力触探资料，利用地区经验，可进行力学分层，估算土的塑性状态或密实度、强度、压缩性、地基承载力、单桩承载力、沉桩阻力及进行液化判别等。根据孔压消散曲线可估算土的固结系数和渗透系数。

利用静探资料可估算土的强度参数、浅基或桩基的承载力、砂土或粉土的液化。只要经验关系经过检验已证实是可靠的，利用静探资料可以提供有关设计参数。利用静探资料估算变形参数时，由于贯入阻力与变形参数间不存在直接的机理关系，可能可靠性差些；利用孔压静探资料有可能评定土的应力历史，这方面还有待于积累经验。

三、圆锥动力触探试验

圆锥动力触探试验是用一定质量的重锤，以一定高度的自由落距，将标准规格的圆锥形探头贯入土中，根据打入土中一定距离所需的锤击数，判定土的力学特性，具有勘探和测试双重功能。

圆锥动力触探试验的类型可分为轻型、重型和超重型三种。

轻型动力触探的优点是轻便，对于施工验槽、填土勘察、查明局部软弱土层、洞穴等分布，均有实用价值。重型动力触探是应用最广泛的一种，其规格标准与国际通用标准一致。超重型动力触探的能量指数（落锤能量与探头截面积之比）与国外的并不一致，但相近，适用于碎石土。

动力触探试验指标主要用于以下目的：

1. 划分不同性质的土层：当土层的力学性质有显著差异，而在触探指标上没有明显反映时，可利用动力触探进行分层和定性，评价土的均匀性，检查填土质量，探查滑动带、土洞和确定基岩面或碎石土层的埋藏深度；确定桩基持力层和承载力；检验地基加固与改良的质量效果等。

2. 确定土的物理力学性质：评定砂土的孔隙比或相对密实度、粉土及黏性土的状态；估算土的强度和变形模量；评定地基土和桩基承载力，估算土的强度和变形参数等。

（一）试验设备

圆锥动力触探设备主要由圆锥头、触探杆、穿心锤三部分组成。

我国采用的自动落锤装置种类很多，有抓钩式（分外抓钩式和内抓钩式）、钢球式、滑销式、滑槽式和偏心轮式等。

锤的脱落方式可分为碰撞式和缩径式。前者动作可靠，但操作不当易产生明显的反向冲击，影响试验成果。后者导向杆容易被磨损，长期工作易发生故障。

（二）试验技术要求

1. 采用自动落锤装置。锤击能量是对试验成果有影响的最重要的因素，落锤方式应采用控制落距的自动落锤，使锤击能量比较恒定。

2. 注意保持杆件垂直，触探杆最大偏斜度不应超过 2%，锤击贯入应连续进行，在黏性土中击入的间歇会使侧摩阻力增大；同时防止锤击偏心、探杆倾斜和侧向晃动，保持探杆垂直度；锤击速率也影响试验成果，每分钟宜为 15~30 击；在砂土、碎石土中，锤击速率影响不大，则可采用每分钟 60 击。

3. 触探杆与土间的侧摩阻力是对试验成果有影响的另一重要因素。试验过程中，可采取下列措施减少侧摩阻力的影响：探杆直径小于探头直径，在砂土中探头直径与探杆直径比应大于 1.3，而在黏土中可小些；贯入一定深度后旋转探杆（每 1 m 转动一圈或半圈），以减少侧摩阻力；贯入深度超过 10m，每贯入 0.2 m，转动一次；探头的侧摩阻力与土类、土性、杆的外形、刚度、垂直度、触探深度等均有关，很难用一固定的修正系数处理，应采取切合实际的措施，减少侧摩阻力，对贯入深度加以限制。

4. 对轻型动力触探，当 N10>100 或贯入 15 cm 锤击数超过 50 时，可停止试验；对重型动力触探，当连续三次 N63.5>50 时，可停止试验或改用超重型动力触探。

（三）资料整理与试验成果分析

1. 单孔连续圆锥动力触探试验应绘制锤击数与贯入深度关系曲线。

2. 计算单孔分层贯入指标平均值时，应剔除临界深度以内的数值超前和滞后影响范围内的异常值。在整理触探资料时，应剔除异常值，在计算土层的触探指标平均值时，超前滞后范围内的值不反映真实土性；临界深度以内的锤击数偏小，不反映真实土性，故不应参加统计。动力触探本来是连续贯入的，但也有配合钻探间断贯入的做法，间断贯入时临界深度以内的锤击数同样不反映真实土性，不应参加统计。

3. 整理多孔触探资料时，应结合钻探资料进行分析，对均匀土层，根据各孔分层的贯入指标平均值，用厚度加权平均法计算场地分层贯入指标平均值和变异系数。

（四）成果应用

根据圆锥动力触探试验指标和地区经验，可进行力学分层，评定土的均匀性和物理性质（状态、密实度）、土的强度、变形参数、地基承载力、单桩承载力，查明土洞、滑动面、软硬土层界面，检测地基处理效果等。应用试验成果时是否修正或如何修正，应根据建立统计关系时的具体情况确定。

1. 力学分层

根据触探击数、曲线形态，结合钻探资料可进行力学分层，分层时注意超前滞后现象，不同土层的超前滞后量是不同的。

上为硬土层，下为软土层，超前为 0.5~0.7 m，滞后约为 0.2 m；上为软土层，下为硬土层，超前为 0.1~0.2 m，滞后为 0.3~0.5 m。

2. 确定砂类土的相对密度和黏性土的稠度

北京市勘察设计处采用轻便型动力触探仪，通过大量的现场试验和对比分析，提出了锤击数与土的相对密度等级和稠度等级之间的关系。

四、标准贯入试验

标准贯入试验使用质量为 63.5 kg 的穿心锤，以 76cm 的落距，将标准规格的贯入器，自钻孔底部预打 15 cm，记录再打入 30 cm 的锤击数，判定土的力学特性。

标准贯入试验仅适用于砂土、粉土和一般黏性土，不适用于软塑—流塑软土。在国外用实心圆锥头（锥角 60°）替换贯入器下端的管靴，使标贯适用于碎石土、残积土和裂隙性硬黏土及软岩，但国内尚无这方面的具体经验。

标准贯入试验的目的是用测得的标准贯入击数 N，判断砂的密实度或黏性土和粉土的稠度，估算土的强度与变形指标，确定地基土的承载力，评定砂土、粉土的振动液化及估计单桩极限承载力及沉桩可能性；并可划分土层类别，确定土层剖面和取扰动土样进行一般物理性试验，用于岩土工程地基加固处理设计及效果检验。

（一）试验设备

标准贯入试验设备是由标准贯入器、落锤（穿心锤）和钻杆组成的。

（二）试验技术要求

1. 标准贯入试验与钻探配合进行，钻孔宜采用回转钻进，并保持孔内水位略高于地下水位。当孔壁不稳定时，可用泥浆护壁，钻至试验标高以上 15 cm 处，清除孔底残土后再进行试验。

在采用回转钻进时应注意以下方面：

保持孔内水位高出地下水位一定高度，保持孔底土处于平衡状态，不得使孔底发生涌砂变松；下套管不要超过试验标高；要缓慢地下放钻具，避免孔底土的扰动；细心清孔；为防止涌砂或塌孔，可采用泥浆护壁。

2. 采用自动脱钩的自由落锤法进行锤击，并减小导向杆与锤间的摩阻力，避免锤击时的偏心和侧向晃动，保持贯入器、探杆、导向杆连接后的垂直度，锤击速率应小于每分钟 30 击。

由手拉绳牵引贯入试验时，绳索与滑轮的摩擦阻力及运转中绳索所引起的张力，消耗了一部分能量，减少了落锤的冲击能，使锤击数增加；而自动落锤完全克服了上述缺点，能比较真实地反映土的性状。据有关单位的试验，N 值自动落锤为手拉落锤的 0.8 倍、SR-30 型钻机直接吊打时的 0.6 倍，据此，规范规定采用自动落锤法。

（三）资料整理

标准贯入试验成果 N 可直接标在工程地质剖面图上，也可绘制单孔标准贯入击数 N 与深度关系曲线或直方图。统计分层标贯击数平均值时，应剔除异常值。

（四）成果应用

标准贯入试验锤击数 N 值，可对砂土、粉土、黏性土的物理状态、土的强度、变形参数、地基承载力、单桩承载力，以及砂土和粉土的液化、成桩的可能性等做出评价。应用 N 值时是否修正和如何修正，应根据建立统计关系时的具体情况确定。

1. 关于修正问题

国外对 N 值的传统修正包括饱和粉细砂的修正、地下水位的修正、土地上覆压力修正。国内长期以来并不考虑这些修正，而着重考虑杆长修正。杆长修正是依据牛顿碰撞理论，杆件系统质量不得超过锤重 2 倍，限制了标贯使用深度小于 21 m，但实际使用深度已远超过 21m，最大深度已达 100m 以上；通过实测杆件的锤击应力波，发现锤击传输给杆件的能量变化远大于杆长变化时能量的衰减，故建议不做杆长修正的 N 值是基本的数值；但考虑到过去建立的 N 值与土性参数、承载力的经验关系，所用 N 值均经杆长修正，而抗震规范评定砂土液化时，N 值又不做修正；故在实际应用 N 值时，应按具体岩土工程问题，参照有关规范考虑是否做杆长修正或其他修正。勘察报告应提供不做杆长修正的 N 值，应用时再根据情况考虑修正或不修正、用何种方法修正。如我国原《建筑地基基础设计规范》（GBJ7-89）规定：当用标准贯入试验锤击数按规范查表确定承载力和其他指标时，应根据该规范规定校正。

2. 用标准贯入试验击数判定砂土密实程度。

3. 用标准贯入试验击数进行液化判别。

4. 确定地基承载力

我国原《建筑地基基础设计规范》（GBJ7-89）中关于用标准贯入试验锤击数确定黏性土、砂土的承载力表，由于 N 值离散性大，故在利用 N 值解决工程问题时，应持慎重态度，依据单孔标贯资料提供设计参数是不可信的；在分析整理时，与动力触探相同，应剔除个别异常的 N 值。依据 N 值提供定量的设计参数时应有当地的经验，否则只能提供定性的参数，供初步评定用。

五、十字板剪切试验

十字板剪切试验是用插入土中的标准十字板探头以一定速率扭转，量测土破坏时的抵抗力矩，测定土的不排水抗剪强度。

十字板剪切试验用于原位测定饱和软黏土（$\phi \approx 0$）的不排水抗剪强度和估算软黏土的灵敏度。

试验深度一般不超过 30m。为测定软黏土不排水抗剪强度随深度的变化，试验点竖向间距可取 1m，以便均匀地绘制不排水抗剪强度—深度变化曲线，对非均质或夹薄层粉细砂的软黏性土，宜先做静力触探，结合土层变化，选择软黏土进行试验。当土层随深度的变化复杂时，可根据静力触探成果和工程实际需要，选择有代表性的点布置试验点，不一定均匀间隔布置试验点，遇到变层，要增加测点。

（一）试验仪器设备

十字板剪切试验设备主要由下列三部分组成：

1. 测力装置：开口钢环式测力装置，借助钢环的拉伸变形来反映施加扭力的大小。

2. 十字板头：目前国内外多采用矩形十字板头，且径高比为 1∶2 的标准型。常用的规格有 50 mm×100 mm 和 75 mm×150 mm 两种，前者适用于稍硬的黏性土，后者适用于软黏土。

3. 轴杆：按轴杆与十字板头的连接方式有离合式和牙嵌式两种。一般使用的轴杆直径约为 20 mm。

（二）试验原理

十字板剪切试验的基本原理，是将装在轴杆下的十字板头压入钻孔孔底下土中测试深度处，再在杆顶施加水平扭矩 M，由十字板头旋转将土剪破。

（三）试验技术要求

1. 十字板板头形状宜为矩形，径高比 1 ∶ 2，板厚宜为 2~3 mm。

十字板头形状国外有矩形、菱形、半圆形等，但国内均采用矩形。当需要测定不排水抗剪强度的各向异性变化时，可以考虑采用不同菱角的菱形板头，也可以采用不同径高比板头进行分析。矩形十字板头的径高比 1 ∶ 2 为通用标准，十字板头面积比直接影响插入板头时对土的挤压扰动，一般要求面积比小于 15%；十字板头直径为 50 mm 和 75 mm，翼板厚度分别为 2 mm 和 3 mm，相应的面积比为 13%~14%。

2. 十字板头插入钻孔底的深度影响测试成果，我国规范规定不应小于钻孔或套管直径的 3 倍。美国规定为 56（b 为钻孔直径），俄罗斯规定 0.3~0.5 m，德国规定为 0.3 m。

3. 十字板插入至试验深度后，至少应静止 2~3 min，方可开始试验。

4. 在峰值强度或稳定值测试完后，顺扭转方向连续转动 6 圈后，测定重塑土的不排水抗剪强度。

5. 对开口钢环十字板剪切仪，应修正轴杆与土间的摩阻力的影响。

机械式十字板剪切仪。由于轴杆与土层间存在摩阻力，因此应进行轴杆校正。由于原状土与重塑土的摩阻力是不同的，为了使轴杆与土间的摩阻力减到最低值，使进行原状土和扰动土不排水抗剪强度试验时有同样的摩阻力值，在进行十字板试验前，应将轴杆先快速旋转十余圈。由于电测式十字板直接测定的是施加于板头的扭矩，故不需进行轴杆摩擦的校正。

国外十字板剪切试验规程对精度的规定，美国为 1.3 kPa，英国为 1 kPa，俄罗斯为 1~2kPa，德国为 2 kPa。参照这些标准，以 1~2 kPa 为宜。

（四）资料整理

1. 计算各试验点土的不排水抗剪峰值强度、残余强度、重塑土强度和灵敏度。

2. 绘制单孔十字板剪切试验土的不排水抗剪峰值强度、残余强度、重塑土强度和灵敏度随深度的变化曲线，需要时绘制抗剪强度与扭转角度的关系曲线。

实践证明，正常固结的饱和软黏性土的不排水抗剪强度是随深度增加的；室内抗剪强度的试验成果，由于取样扰动等因素，往往不能很好地反映这一变化规律；利用十字板剪切试验，可以较好地反映不排水抗剪强度随深度的变化。

绘制抗剪强度与扭转角的关系曲线，可了解土体受剪时的剪切破坏过程，确定软土的不排水抗剪强度峰值、残余值及剪切模量（不排水）。目前十字板头扭转角的测定还存在困难，有待进一步研究。

3. 根据土层条件和地区经验，对实测的十字板不排水抗剪强度进行修正。

十字板剪切试验所测得的不排水抗剪强度峰值，一般认为是偏高的土的长期强度只有峰值强度的 60%~70%。因此在工程中，需根据土质条件和当地经验对十字板测定的值做必要的修正，以供设计采用。

4. 十字板剪切试验成果可按地区经验，确定地基承载力、单桩承载力、计算边坡稳定，判定软黏性土的固结历史。

六、旁压试验

旁压试验是用可侧向膨胀的旁压器，对钻孔孔壁周围的土体施加径向压力的原位测试，根据压力和变形关系，计算土的模量和强度。旁压试验适用于黏性土、粉土、砂土、碎石土、残积土、极软岩和软岩等。

（一）试验设备

旁压仪包括预钻式、自钻式和压入式三种。国内目前以预钻式为主，以下内容也是针对预钻式的，压入式目前尚无产品。

1. 预钻式旁压仪

预钻式旁压仪由旁压器、控制单元和管路三部分组成。

（1）旁压器

旁压器是对孔壁土（岩）体直接施加压力的部分，是旁压仪最重要的部件。它由金属骨架、密封的橡皮膜和膜外护铠组成。旁压器分单腔式和三腔式两种，目前常用的是三腔式。当旁压器有效长径比大于 4 时，可认为属无限长圆柱扩张轴对称平面应变问题。单腔式三腔式所得结果无明显差别。

三腔式旁压器由测量腔（中腔）和上下两个护腔构成。测量腔和护腔互不相通，但两个护腔是互通的，并把测量腔夹在中间。试验时有压介质（水或油）从控制单元通过中间管路系统进入测量腔，使橡皮膜沿径向膨胀，孔周土（岩）体受压呈圆柱形扩张，从而可以量测孔壁压力与钻孔体积变化的关系。

（2）控制单元

控制单元位于地表，通常是设置在三脚架上的一个箱式结构，其功能是控制试验压力和测读旁压器体积（应变）的变化。一般由压力源（高压氮气瓶）、调压器、测管、水箱、各类阀门、压力表、管路和箱式结构架等组成。

（3）管路系统

管路是用于连接旁压器和控制单元、输送和传递压力与体积信息的系统，通常包括气路、水（油）路和电路。

2. 仪器的标定

仪器的标定主要有弹性膜约束力的标定和仪器综合变形的标定。

由于约束力随弹性膜的材质、使用次数和气温而变化，因此新装或用过若干次后均需对弹性膜的约束力进行标定。仪器的综合变形，包括调压阀量管、压力计、管路等在加压过程中的变形。国产旁压仪还需进行体积损失的校正，对国外 GA 型和 GAM 型旁压仪，如果体积损失很小，可不做体积损失的校正。

（1）弹性膜约束力的标定

由于弹性膜具有一定厚度，因此在试验时施加的压力并未全部传递给土体，而因弹性膜本身产生的侧限作用使压力受到损失。这种压力损失值称为弹性膜的约束力。弹性膜约束力的标定方法如下：

先将旁压器置于地面，然后打开中腔和上、下腔阀门使其充水。当水灌满旁压器并回返至规定刻度时，将旁压器中腔的中点位置放在与量管水位相同的高度，记下初读数。随后逐级加压，每级压力增量为 10 kPa，使弹性膜自由膨胀，量测每级压力下的量管水位下降值，直到量管水位下降总值接近 40cm 时停止加压。根据记录绘制压力与水位下降值的关系曲线，即为弹性膜约束力标定曲线。S 轴的渐近线所对应的压力即为弹性膜的约束力。

（2）仪器综合变形的标定

由于旁压仪的调压阀、量管、导管、压力计等在加压过程中均会产生变形，造成水位下降或体积损失。这种水位下降值或体积损失值称为仪器综合变形。仪器综合变形标定方法如下：将旁压器放进有机玻璃管或钢管内，使旁压器在受到径向限制的条件下进行逐级加压，加压等级为 100 kPa，直加到旁压仪的额定压力为止。根据记录的压力 P 和量管水位下降值 S 绘制 P-S 曲线，曲线上直线段的斜率 S/p 即为仪器综合变形校正系数 a。

（二）试验技术要求

（1）旁压试验点的布置

在了解地层剖面的基础上（最好先做静力触探或动力触探或标准贯入试验），应选择在有代表性的位置和深度进行，旁压器的量测腔应在同一土层内。试验点的垂直间距应根据地层条件和工程要求确定，根据实践经验，旁压试验的影响范围，水平向约为60cm，上下方向约为40cm。为避免相邻试验点应力影响范围重叠，试验孔与已有钻孔的水平距离不宜小于1 m。

（2）成孔质量

预钻式旁压试验应保证成孔质量，钻孔直径与旁压器直径应良好配合，防止孔壁坍塌；自钻式旁压试验的自钻钻头、钻头转速、钻进速率、刃口距离、泥浆压力和流量等应符合有关规定。

成孔质量是预钻式旁压试验成败的关键，成孔质量差，会使旁压曲线反常失真，无法应用。为保证成孔质量，要注意以下方面：

1）孔壁垂直、光滑、呈规则圆形，尽可能减少对孔壁的扰动。

2）软弱土层（易发生缩孔、坍孔）用泥浆护壁。

3）钻孔孔径应略大于旁压器外径，一般宜大于8 mm。

（3）加荷等级

加荷等级可采用预期临塑压力的1/5~1/7，初始阶段加荷等级可取小值，必要时可做卸荷再加荷试验，测定再加荷旁压模量。

加荷等级的选择是重要的技术问题，一般可根据土的临塑压力或极限压力而定，不同土类的加荷等级不同。

（4）加荷速率

关于加荷速率，目前国内有"快速法"和"慢速法"两种。国内一些单位的对比试验表明，两种不同的加荷速率对临塑压力和极限压力影响不大。为提高试验效率，一般使用每级压力维持1min或2min的快速法。

每级压力应维持1 min或2 min后再施加下一级压力，维持1 min时，加荷后15 s、30 s、60 s测读变形量，维持2 min时加荷后15 s、30 s、60 s、120s测读变形量。在操作和读数熟练的情况下，尽可能采用短的加荷时间；快速加荷所得旁压模量相当于不排水模量。

（5）终止试验条件

旁压试验终止试验条件如下：

1）加荷接近或达到极限压力。

2）量测腔的扩张体积相当于量测腔的固有体积，避免弹性膜破裂。

3）国产PY2-A型旁压仪，当量管水位下降刚达36cm时（绝对不能超过40cm），即应终止试验。

4）法国 GA 型旁压仪规定，当蠕变变形等于或大于 50 cm² 或量筒读数大于 600 cm² 时应终止试验。

（三）资料整理

1. 绘制压力与体积曲线

对各级压力和相应的扩张体积（或换算为半径增量）分别进行约束力和体积修正后，绘制压力与体积曲线，需要时可作蠕变曲线。

2. 评定地基承载力和变形参数

根据初始压力、临塑压力、极限压力和旁压模量，结合地区经验可评定地基承载力和变形参数。根据自钻式旁压试验的旁压曲线，还可测求土的原位水平应力、静止侧压力系数、不排水抗剪强度等。

3. 确定地基的变形性质

换算土的压缩模量 E_s；对于黏性土，可按经验统计资料，由旁压模量 E_m 确定土的变形模量 E_0。

七、扁铲侧胀试验

扁铲侧胀试验，也有人译为扁板侧胀试验，是 20 世纪 70 年代意大利 Silvana Marchetti 教授创立。扁铲侧胀试验是将带有膜片的扁铲压入土中预定深度，充气使膜片向孔壁土中侧向扩张，根据压力与变形关系，测定土的模量及其他有关指标。因能比较准确地反映应变的应力应变关系，测试的重复性较好，引入我国后，受到岩土工程界的重视，进行了比较深入的试验研究和工程应用，已被列入铁道部《铁路工程地质原位测试规程》。美国的 ASTM 和欧洲的 EUROCODE 亦已列入。

扁铲侧胀试验适用于软土、一般黏性土、粉土、黄土和松散—中密的砂土，其中最适宜在软弱松散土中进行，随着土的坚硬程度或密实程度的增加，适宜性渐差。当采用加强型薄膜片时，也可应用于密实的砂土。

（一）试验仪器设备

试验仪器由侧胀器（俗称扁铲）、压力控制单元、位移控制单元、压力源及贯入设备、探杆等组成。

扁铲侧胀器由不锈钢薄板制成，其尺寸为试验探头长 230~240 mm、宽 94~96 mm、厚 14~16 mm，探头前缘刃角 12°~6°，探头侧面钢膜片的直径 60 mm。膜片厚约 0.2 mm，富有弹性可侧胀。

（二）试验技术要求

1. 扁铲侧胀试验探头加工的具体技术标准和规格应符合国际通用标准。要注意探头不能有明显弯曲，并应进行老化处理。

2. 每孔试验前后均应进行探头率定，取试验前后的平均值为修正值；膜片的合格标准如下：

（1）率定时膨胀至 0.05 mm 的气压实测值 OA=5~25 kPa；

（2）率定时膨胀至 1.10 mm 的气压实测值 △B=10~110 kPa。

3. 可用贯入能力相当的静力触探机将探头压入土中。试验时，应以静力匀速将探头贯入土中，贯入速率宜为 2 cm/s；试验点间距可取 20~50 cm。

4. 探头达到预定深度后，应匀速加压和减压测定膜片膨胀至 0.05 mm、1.10 mm 和回到 0.05 mm 的压力 A、B、C 值。

5. 扁铲侧胀消散试验，应在需测试的深度进行，测读时间间隔可取 1 min、2 min、4min、8 min、15 min、30 min、90 min，以后每 90 min 测读一次，直至消散结束。

扁铲侧胀试验成果的应用经验目前尚不丰富。根据铁道部第四勘测设计院的研究成果，利用侧胀土性指数 ID 划分土类、黏性土的状态，利用侧胀模量计算饱和黏性土的水平不排水弹性模量，利用侧胀水平应力指数 K0，确定土的静止侧压力系数等，有良好的效果，并列入铁道部《铁路工程地质原位测试规程》。上海、天津及国外都有一些研究成果和工程经验，由于扁铲侧胀试验在我国开展较晚，故应用时必须结合当地经验，并与其他测试方法配合，相互印证。

八、波速试验

波速测试适用于测定各类岩土体的压缩波、剪切波或瑞利波的波速。按规定测得的波速值可应用于下列情况：

1. 计算地基岩土体在小应变条件下（10-4—10-6）的动弹性模量、动剪切模量和动泊松比。

2. 场地土的类型划分和场地土层的地震反应分析。

3. 改良的效果。

可根据任务要求，试验方法可采用跨孔法、单孔法（检层法）和面波法。

（一）单孔波速法（检层法）

1. 试验仪器设备

（1）振源

剪切波振源，应满足如下三个条件：优势波应为 SH 和 SV 波；具有可重复性和可反向性，以利剪切波的判读；如在孔中激发，应能顺利下孔。

（2）拾振器

孔中接收时，使用三分量检波器组（一个垂直向，两个水平向），并带有气囊或其他贴孔壁装置。地表接收时，使用地震检波器，其灵敏轴应与优势波主振方向一致。

（3）记录仪

使用地震仪或具有地震仪功能的其他仪器，应能记录波形，以利于波的识别和对比。

2. 单孔法波速测试的技术要求

单孔法波速，可沿孔向上或向下检层进行测试。主要检测水平的剪切波速，识别第一个剪切波的初至是关键。

单孔法波速测试的技术要求应符合下列规定：

（1）测试孔应垂直。

（2）当剪切波振源采用锤击上压重物的木板时，木板的长向中垂线应对准测试孔中心，孔口与木板的距离宜为1—3m；板上所压重物宜大于400kg；木板与地面应紧密接触；当压缩波振源采用锤击金属板时，金属板距孔口的距离宜为1~3m。

（3）测试时，测点布置应根据工程情况及地质分层，测点的垂直间距宜取1~3m，层位变化处加密，并宜自下而上逐点测试。

（4）传感器应设置在测试孔内预定深度处固定，并紧贴孔壁。

（5）可采用地面激振或孔内激振；剪切波测试时，沿木板纵轴方向分别打击其两端，可记录极性相反的两组剪切波波形；压缩波测试时，可锤击金属板，当激振能量不足时，可采用落锤或爆炸产生压缩波。

（6）测试工作结束后，应选择部分测点进行重复观测，其数量不应少于测点总数的10%。

（二）跨孔法

1. 试验仪器设备

（1）振源

剪切波振源宜采用剪切波锤，也可采用标准贯入试验装置，压缩波振源宜采用电火花或爆炸等。由重锤、标贯试验装置组合的振源，该振源配合钻机和标贯试验装置进行。钻进一段测试一段，能量较大，但速度较慢。用扭转振源可产生丰富的剪切波能量和极低的压缩波能量，易操作、可重复、可反向激振，但能量较弱，一般配信号增强型放大器。

（2）接收器

要求接收器既能观察到竖直分量，又能观察到两个水平分量的记录，以便更好地识别剪切波的到达时刻，所以一般都采用三分量检波器检测地震波。这种三分量检波器是由三个单独检波器按相互垂直（XYZ）的方向固定，并密封在一个无磁性的圆形筒内。

在测点处一般用气囊装置将三分量检波器的外壳及其孔壁压紧。竖直方向的检波器可以精确地接收到水平传播、垂直偏振的 SV 波。两个水平检波器可以接收到 P 波的水平偏振 SH 波。

我国目前生产的三分量检波器的自振频率一般为 10 Hz 和 27 Hz，频率响应可达几百赫兹，而一般机械振源产生的 S 波频率为 70~130 Hz，产生的 P 波频率为 140~270 Hz。

（3）放大器和记录器

主要采用多通道的放大器，最少为 6 个通道。各放大器必须具有一致的相位特性，配有可调节的增益装置，放大器的放大倍数要大于 2000 倍。仪器本身内部噪声极小，抗干扰能力强，记录系统主要采用 SC-10、SC-18 型紫外线感光记录示波器。一般配400 号振子、工作频率范围为 0~270Hz，常用 500mm/s 速度记录档，根据波形的疏密形状而调节纸速。

2. 跨孔法波速测试的技术要求

跨孔法波速测试的技术要求应符合下列规定：

（1）测试场地宜平坦；测试孔宜设置一个振源孔和两个接收孔，以便校核，并布置在一条直线上。

（2）测试孔的孔距在土层中宜取 2~5 m，在岩层中宜取 8~15 m，测点垂直间距宜取 1~2m；近地表测点宜布置在 0.4 倍孔距的深度处，震源和检波器应置于同一地层的相同标高处。

（3）钻孔应垂直，并宜用泥浆护壁或下套管，套管壁与孔壁应紧密接触。

（4）当振源采用剪切波锤时，宜采用一次成孔法；当振源采用标准贯入试验装置时，宜采用分段测试法。

（5）钻孔应垂直，当孔深较大、测试深度大于 15m 时，应进行激振孔和测试孔的倾斜度和倾斜方位量测，量测精度应达到 0.1°，测点间距宜取 1 m，以便对激振孔与检波孔的水平距离进行修正。

（6）在现场应及时对记录波形进行鉴别判断，确定是否可用，如不行，在现场可立即重做。钻孔如有倾斜，应做孔距的校正。当采用一次成孔法测试时，测试工作结束后，应选择部分测点做重复观测，其数量不应少于测点总数的 10%；也可采用振源孔和接收孔互换的方法进行检测。

（三）面波法

面波法波速测试可采用瞬态法或稳态法，宜采用低频检波器，道间距可根据场地条件通过试验确定。面波的传统测试方法为稳态法，近年来，瞬态多道面波法获得很大发展，并已在工程中大量应用，技术已经成熟。

1. 仪器设备

面波法所需的主要仪器设备可分为两部分：振动测量及分析仪器，它包括拾振器、测振放大器、数据采集与分析系统；振源，频谱分析法采用落锤为振源，连续波法采用电磁激振器为振源。

2. 面波法波速测试的技术要求

（1）测试前的准备工作及对激振设备安装的要求，应符合国家标准《地基动力特性测试规范》（GB/T-50269—2015）的规定。

（2）稳态振源宜采用机械式或电磁式激振设备。

（3）在振源同一侧应放置两台间距为 L 的竖向传感器，接收由振源产生的瑞利波信号。

（4）改变激振频率，测试不同深度处土层的瑞利波波速。

（5）电磁式激振设备可采用单一正弦波信号或合成正弦△ φ 波信号。

（四）测试成果分析

1. 识别压缩波和剪切波的初至时间

在波形记录上，识别压缩波或剪切波从振源到达测点的时间，应符合下列规定：

（1）确定压缩波的时间，应采用竖向传感器记录的波形。

（2）确定剪切波的时间，应采用水平传感器记录的波形。

2. 计算由振源到达测点的距离

由振源到达每个测点的距离，应按测斜数据进行计算。

3. 根据波的传播时间和距离确定波速

（1）单孔法

1）用单孔法计算压缩波或剪切波从振源到达测点的时间。

2）时距曲线图的绘制，应以深度 H 为纵坐标、时间 T 为横坐标。

3）波速层的划分，应结合地质情况，按时距曲线上具有不同斜率的折线段确定。

4）每一波速层的压缩波波速或剪切波波速。

（2）跨孔法

用跨孔法量测每个测试深度的压缩波波速及剪切波波速。

（3）面波法

用面波法量测瑞利波波速。

九、现场直接剪切试验

岩土体现场直剪试验，是将垂直（法向）压应力和剪应力施加在预定的剪切面上，直至其剪切破坏的试验。现场直剪试验可用于岩土体本身、岩土体沿软弱结构面和岩体与其他材料（如混凝土）接触面的剪切试验，可分为岩土体试体在法向应力作用下沿剪切面剪切破坏的抗剪断试验、岩土体剪断后沿剪切面继续剪切的抗剪试验（摩擦试验）和法向应力为零时岩体剪切的抗切试验。由于试验岩土体远比室内试样大，试验成果更符合实际。

（一）试验方案

现场直剪试验，应根据现场工程地质条件、工程荷载特点及可能发生的剪切破坏模式剪切面的位置和方向、剪切面的应力等条件，确定试验对象，选择相应的试验方法。现场直剪试验可在试洞、试坑、探槽或大口径钻孔内进行。当剪切面水平或近于水平时，可采用平推法或斜推法；当剪切面较陡时，可采用楔形体法。

同一组试验体的地质条件应基本相同，其受力状态应与岩体在工程中的受力状态相近。各种试验布置方案，各有适用条件。

混凝土与岩体的抗剪试验，常采用斜推法。进行土体、软弱面（水平或近乎水平）的抗剪试验，常采用平推法。当软弱面倾角大于其内摩擦角时，常采用楔形体方案。前者适用于剪切面上正应力较大的情况，后者则相反。

（二）试验设备

现场直剪试验的仪器设备主要由加载设备、传力设备和量测设备及其他配套设备组成。

（三）试验技术要求

1. 现场直剪试验每组岩体不宜少于 5 个，岩体试样尺寸不小于 50 cm×50 cm，一般采用 70cm×70cm 的方形体，剪切面积不得小于 0.25 ㎡。试体最小边长不宜小于 50cm，高度不宜小于最小边长的 0.5 倍。试体之间的距离应大于最小边长的 1.5 倍。

每组土体试验不宜少于 3 个，剪切面积不宜小于 0.3 ㎡，土体试样可采用圆柱体或方柱体，高度不宜小于 20 cm 或为最大粒径的 4~8 倍，剪切面开缝应为最小粒径的 1/3~1/4。

2. 开挖试坑时应避免对试体的扰动和含水量的显著变化，保持岩土样的原状结构不受扰动是非常重要的，故在爆破、开挖和切样过程中，均应避免岩土样或软弱结构面破坏和含水量的显著变化；对软弱岩土体，在顶面和周边加护层（钢或混凝土），护套底边应在剪切面以上。

在地下水位以下试验时，应先降低水位，安装试验装置恢复水位后，再进行试验，避免水压力和渗流对试验的影响。

3. 施加的法向荷载、剪切荷载应位于剪切面、剪切缝的中心，或使法向荷载与剪切荷载的合力通过剪切面的中心，并保持法向荷载不变；对于高含水量的塑性软弱层，法向荷载应分级施加，以免软弱层挤出。

4. 最大法向荷载应大于设计荷载，并按等量分级，荷载精度应为试验最大荷载的 ±2%。

5. 每一试体的法向荷载可分 4—5 级施加；当法向变形达到相对稳定时，即可施加剪切荷载。

6. 每级剪切荷载按预估最大荷载的 8%~10% 分级等量施加，或按法向荷载的 5%~10% 分级等量施加；岩体按每 5~10min、土体按每 30s 施加一级剪切荷载。

7. 当剪切变形急剧增长或剪切变形达到试体尺寸的 1/10 时，可终止试验。

8. 根据剪切位移大于 10mm 时的试验成果确定残余抗剪强度，需要时可沿剪切面继续进行摩擦试验。

（四）试验资料整理、成果分析

1. 试验资料整理

（1）岩体结构面直剪试验记录应包括工程名称、试体编号、试体位置、试验方法、试体描述、剪切面积、测表布置、各法向荷载下各级剪切荷载时的法向位移及剪切位移。

（2）试验结束后，应对试件剪切面进行描述。

2. 准确量测剪切面面积

1）详细描述剪切面的破坏情况、擦痕的分布、方向和长度；

2）测定剪切面的起伏差，绘制沿剪切方向断面高度的变化曲线；

3）当结构面内有充填物时，应准确判断剪切面的位置，并记述其组成成分、性质、厚度、构造，根据需要测定充填物的物理性质。

2. 确定比例强度、屈服强度、峰值强度、剪胀点和剪胀强度

绘制剪切应力与剪切位移曲线、剪应力与垂直位移曲线，确定比例强度、屈服强度、峰值强度、剪胀点和剪胀强度。

（1）比例界限压力

比例界限压力定义为剪应力与剪切位移曲线直线段的末端相应的剪应力，如直线段不明显，可采用一些辅助手段确定。

1）用循环荷载方法在比例强度前卸荷后的剪切位移基本恢复，过比例界限后则不然。

2）利用试体以下基底岩土体的水平位移与试样水平位移的关系判断在比例界限之前，两者相近；过比例界限后，试样的水平位移大于基底岩土的水平位移。

3）绘制 τ-u/τ 曲线（τ 为剪应力，u 为剪切位移）在比例界限之前，u/τ 变化极小；过比例界限后，u/τ 值增长加快。

（2）剪胀强度

剪胀强度相当于整个试样由于剪切带体积变大而发生相对的剪应力，可根据剪应力与垂直位移曲线判定。

（3）绘制法向应力与比例强度、屈服强度、峰值强度、残余强度的曲线，确定相应的强度参数岩体结构面的抗剪强度，与结构面的形状、闭合、充填情况和荷载大小及方向等有关。根据长江科学院的经验，对于脆性破坏岩体，可以利用比例强度确定抗剪强度参数；而对于塑性破坏岩体，可以利用屈服强度确定抗剪强度参数。

验算岩土体滑动稳定性，可以用残余强度确定抗剪强度参数。因为在滑动面上破坏的发展是累进的，发生峰值强度破坏后，破坏部分的强度降为残余强度。

十、岩体原位应力测试

岩体应力测试适用于无水、完整或较完整的岩体，可采用孔壁应变法、孔径变形法和孔底应变法测求岩体空间应力和平面应力。

用孔壁应变法测试采用孔壁应变计，量测套钻解除应力后钻孔孔壁的岩石应变；用孔径变形法测试采用孔径变形计，量测套钻解除应力后的钻孔孔径的变化；用孔底应变法测试采用孔底应变计，量测套钻解除应力后的钻孔孔底岩面应变。按弹性理论公式计算岩体内某点的应力，当需测求空间应力时，应采用三个钻孔交会法测试。

岩体应力测试的设备、测试准备、仪器安装和测试过程按现行国家标准《工程岩体试验方法标准》（GB/T-50266—2013）执行。

（一）测试技术要求

1. 测试岩体原始应力时，测点深度应超过应力扰动影响区；在地下洞室中进行测试时，测点深度应超过洞室直径的2倍。

2. 在测点测段内，岩性应均一完整。

3. 测试孔的孔壁、孔底应光滑、平整、干燥。

4. 稳定标准为连续三次读数（每隔10 min读一次）之差不超过5。

5. 同一钻孔内的测试读数不应少于三次。

6. 岩芯应力解除后的围压试验应在24 h内进行，压力宜分5~10级，最大压力应大于预估岩体最大主应力。若不能在24 h内进行围压试验，应对岩芯进行蜡封，防止含水率变化。

（二）资料整理

根据岩芯解除应变值和解除深度，绘制解除过程曲线。

根据围压试验资料，绘制压力与应变关系曲线，计算岩石弹性常数。

孔壁应变法、孔径变形法和孔底应变法计算空间应力、平面应力分量和空间主应力及其方向，可按《工程岩体试验方法标准》（GB/T-50266—2013）附录 A 执行。

十一、激振法测试

激振法测试包括强迫振动和自由振动，用于测定天然地基和人工地基的动力特性，为动力机器基础设计提供地基刚度、阻尼比和参振质量。

（一）试验方法

激振法测试应采用强迫振动方法，有条件时宜同时采用强迫振动和自由振动两种测试方法。具有周期性振动的机器基础，应采用强迫振动测试。由于竖向自由振动试验，当阻尼比较大时，特别是有埋深的情况，实测的自由振动波数少，很快就衰减了，从波形上测得的固有频率值及由振幅计算的阻尼比，都不如强迫振动试验准确。但是，当基础固有频率较高时，强迫振动测不出共振峰值的情况也是有的。因此，有条件时宜同时采用强迫振动和自由振动两种测试方法，以便互相补充、互为印证。

进行激振法测试时，应收集机器性能、基础形式、基底标高、地基土性质和均匀性、地下构筑物和干扰振源等资料。

（二）测试技术要求

1. 由于块体基础水平回转耦合振动的固有频率及在软弱地基土的竖向振动固有频率一般均较低，因此激振设备的最低频率规定为 3~5Hz，使测出的幅频响应共振曲线能较好地满足数据处理的需要。而桩基础的竖向振动固有频率高，要求激振设备的最高工作频率尽可能地高，最好能达到 60Hz 以上，以便能测出桩基础的共振峰值，电磁式激振设备的工作频率范围很宽，但扰力太小时对桩基础的竖向振动激不起来，因此规定，扰力不宜小于 600 N。

2. 块体基础的尺寸宜采用 2.0 m×1.5 m×1.0m。在同一地层条件下，宜采用两个块体基础进行对比试验，基底面积一致，高度分别为 1.0m 和 1.5m；桩基测试应采用两根桩，桩间距取设计间距；桩台边缘至桩轴的距离可取桩间距的 1/2，桩台的长宽比应为2：1，高度不宜小于 1.6m；当进行不同桩数的对比试验时，应增加桩数和相应桩台面积；测试基础的混凝土强度等级不宜低于 C15。

3. 测试基础应置于拟建基础附近和性质类似的土层上，其底面标高应与拟建基础底面标高一致。

4. 为了获得地基的动力参数，应进行明置基础的测试，而埋置基础的测试是为获得埋置后对动力参数的提高效果，有了两者的动力参数，就可进行机器基础的设计。因此，测试基础应分别做明置和埋置两种情况的测试，埋置基础的回填土应分层夯实。

5.仪器设备的精度、安装、测试方法和要求等，应符合现行国家标准《地基动力特性测试规范》（GB/T-50269—2015）的规定。

第四节 室内试验及物理力学指标统计分析

一、岩土试验项目和试验方法

本节主要内容是关于岩土试验项目和试验方法的选取及一些原则性问题的规定，具体的操作和试验仪器规格，则应按现行国家标准《土工试验方法标准》（GB/T-50123—1999）和国家标准《工程岩体试验方法标准》（GB/T-50266—2013）的规定执行。由于岩土试样和试验条件不可能完全代表现场的实际情况，故规定在岩土工程评价时，宜将试验结果与原位测试成果或原型观测反分析成果比较，并做必要的修正后选用。

试验项目和试验方法应根据工程要求和岩土性质的特点确定。一般的岩土试验，可以按标准的、通用的方法进行。但是，岩土工程师必须注意到岩土性质和现场条件中存在的许多复杂情况，包括应力历史、应力场、边界条件非均质性、非等向性、不连续性等，如工程活动引起的新应力场和新边界条件，使岩土体与岩土试样的性状之间存在不同程度的差别。试验时应尽可能模拟实际，使试验条件尽可能接近实际，使用试验成果时不要忽视这些差别。

对特种试验项目，应制订专门的试验方案。

制备试样前，应对岩土的重要性状做肉眼鉴定和简要描述。

（一）土的物理性质试验

1.各类工程均应测定下列土的分类指标和物理性质指标：砂土：颗粒级配、体积质量、天然含水量、天然密度、最大和最小密度。粉土：颗粒级配、液限、塑限、体积质量、天然含水量、天然密度和有机质含量。黏性土：液限、塑限、体积质量、天然含水量、天然密度和有机质含量。

注：（1）对砂土，如无法取得1级、2级、3级土试样时，可只进行颗粒级配试验；（2）目测鉴定不含有机质时，可不进行有机质含量试验。

2.测定液限时，应根据分类评价要求，选用现行国家标准《土工试验方法标准》（GB/T-50123—1999）规定的方法。我国通常用76g瓦氏圆锥仪，但在国际上更通用卡氏碟式仪，故目前在我国是两种方法并用。由于测定方法的试验成果有差异，故应在试验报告上注明。

土的体积质量变化幅度不大，有经验的地区可根据经验判定，但在缺乏经验的地区，仍应直接测定。

3.当进行渗流分析、基坑降水设计等要求提供土的透水性参数时，应进行渗透试验。常水头试验适用于砂土和碎石土；变水头试验适用于粉土和黏性土；透水性很低的软土可通过固结试验测定固结系数、体积压缩系数和渗透系数。土的渗透系数取值应与野外抽水试验或注水试验的成果比较后确定。

4.当需对土方回填和填筑工程进行质量控制时，应选取有代表性的土试样进行击实试验，测定干密度与含水量关系，确定最大干密度、最优含水量。

（二）土的压缩固结试验

1.采用常规固结试验求得的压缩模量和一维固结理论进行沉降计算，是目前广泛应用的方法。由于压缩系数和压缩模量的值随压力段而变，所以当采用压缩模量进行沉降计算时，固结试验最大压力应大于土的有效自重压力与附加压力之和，试验成果可用 e-p 曲线整理，压缩系数和压缩模量的计算应取自土的有效自重压力至土的有效自重压力与附加压力之和的压力段；当考虑深基坑开挖卸荷和再加荷影响时，应进行回弹试验，其压力的施加应模拟实际的加、卸荷状态。

2.按不同的固结状态（正常固结、欠固结、超固结）进行沉降计算，是国际上通用的方法。当考虑土的应力史进行沉降计算时，试验成果应按 e-1gp 曲线整理，确定先期固结压力并计算压缩指数和回弹指数。施加的最大压力应满足绘制完整的 e-1gp 曲线。为计算回弹指数，应在估计的先期固结压力之后，进行一次卸荷回弹，再继续加荷，直至完成预定的最后一级压力。

3.当需进行沉降历时关系分析时，应选取部分土试样在土的有效压力与附加压力之和的压力下，做详细的固结历时记录，并计算固结系数。

4.沉降计算时一般只考虑主固结，不考虑次固结。但对于厚层高压缩性软土上的工程，次固结沉降可能占相当分量，不应忽视。任务需要时应取一定数量的土试样测定次固结系数，用以计算次固结沉降及其历时关系。

5.除常规的沉降计算外，有的工程需建立较复杂的土的力学模型进行应力应变分析。当需进行土的应力应变关系分析，为非线性弹性、弹塑性模型提供参数时，可进行三轴压缩试验，试验方法宜符合下列要求：

（1）进行围压与轴压相等的等压固结试验，应采用三个或三个以上不同的固定围压，分别使试样固结，然后逐级增加轴压，直至破坏，取得在各级围压下的轴向应力与应变关系，供非线性弹性模型的应力应变分析用; 各级围压下的试验,宜进行 1~3 次回弹试验。

（2）当需要时，除上述试验外，还要在三轴仪上进行等向固结试验，即保持围压与轴压相等；逐级加荷，取得围压与体积应变关系，计算相应的体积模量，供弹性、非线性弹性、弹塑性等模型的应力应变分析用。

（三）土的抗剪强度试验

1. 排水状态对三轴试验成果影响很大，不同的排水状态所测得值差别很大，故应使试验时的排水状态尽量与工程实际一致。三轴剪切试验的试验方法应按下列条件确定：

（1）对饱和黏性土，当加荷速率较快时宜采用不固结不排水（UU）试验。由于不固结不排水剪得到的抗剪强度最小，用其进行计算结果偏于安全，但是饱和软黏土的原始固结程度不高，而且取样等过程又难免有一定的扰动影响，故为了不使试验结果过低，规定饱和软黏土应对试样在有效自重压力下预固结后再进行试验。

（2）对预压处理的地基、排水条件好的地基、加荷速率不高的工程或加荷速率较快但土的超固结程度较高的工程，以及需验算水位迅速下降时的土坝稳定性时，可采用固结不排水（CU）试验。当需提供有效应力抗剪强度指标时，应采用固结不排水测孔隙水压力（CU）试验。

（3）对在软黏土上非常缓慢地建造的土堤或稳态渗流条件下进行稳定分析的土堤，可进行固结排水（CD）试验。

2. 直接剪切试验的试验方法，应根据荷载类型、加荷速率及地基土的排水条件确定。虽然直剪试验存在一些明显的缺点，如受力条件比较复杂、排水条件不能控制等，但由于仪器和操作都比较简单，又有大量实践经验，故在一定条件下仍可采用，但对其应用范围应予限制。

无侧限抗压强度试验是三轴试验的一个特例，对于内摩擦角 $\phi \approx 0$ 的软黏土，可用1级土样进行无侧限抗压强度试验，代替自重压力下预固结的不固结、不排水三轴剪切试验。

3. 测定滑坡带等已经存在剪切破裂面的抗剪强度时，应进行残余强度试验。测滑坡带上土的残余强度，应首先考虑采用含有滑面的土样进行滑面重合剪试验。但有时取不到这种土样，此时可用取自滑面或滑带附近的原状土样或控制含水量和密度的重塑土样做多次剪切。试验可用直剪仪，必要时可用环剪仪。在确定计算参数时，宜与现场观测反分析的成果比较后确定。

这些试验一般用于应力状态复杂的堤坝或深挖方的稳定性分析。

（四）土的动力性质试验

当工程设计要求测定土的动力性质时，可采用动三轴试验、动单剪试验或共振柱试验。不但土的动力参数值随动应变而变化，而且不同仪器或试验方法有其应变值的有效范围。故在选择试验方法和仪器时，应考虑动应变的范围和仪器的适用性。

动三轴和动单剪试验可用于测定土的下列动力性质：

1. 动弹性模量、动阻尼比及其与动应变的关系

用动三轴仪测定动弹性模量、动阻尼比及其与动应变的关系时，在施加动荷载前，宜在模拟原位应力条件下先使土样固结。动荷载的施加应从小应力开始，连续观测若干循环周数，然后逐渐加大动应力。

2. 既定循环周数下的动应力与动应变关系

测定既定的循环周数下轴向应力与应变关系，一般用于分析震陷和饱和砂土的液化。

3. 饱和土的液化剪应力与动应力循环周数关系

当出现下列情况之一时，可判定土样已经液化：孔隙水压力上升，达到初始固结压力时；轴向动应变达到 5% 时。

共振柱试验可用于测定小动应变时的动弹性模量和动阻尼比。

（五）岩石试验

1. 岩石的成分和物理性质试验可根据工程需要选定下列项目：岩矿鉴定；颗粒密度和块体密度试验；吸水率和饱和吸水率试验；耐软化或崩解性试验；膨胀试验；冻融试验。

2. 单轴抗压强度试验应分别测定干燥和饱和状态下的强度，并提供极限抗压强度和软化系数。岩石的弹性模量和泊松比，可根据单轴压缩变形试验测定。对各向异性明显的岩石应分别测定平行和垂直层理面的强度。

3. 由于岩石对拉伸的抗力很小，所以岩石的抗拉强度是岩石的重要特征之一。测定岩石抗拉强度的方法很多，但比较常用的有劈裂法和直接拉伸法。勘察规范推荐采用劈裂法，即在试件直径方向上，施加一对线性荷载，使试件沿直径方向破坏，间接测定岩石的抗拉强度。

4. 当间接确定岩石的强度指标时，可进行点荷载试验和声波速度试验。

二、物理力学指标统计分析

（一）岩土参数可靠性和实用性评价

岩土参数的选用是岩土工程勘察评价的关键。岩土参数可分为两大类：一类是评价指标，用以评定岩土的性状，作为划分地层鉴定类别的主要依据；另一类是计算指标，用以设计岩土工程，预测岩土体在荷载和自然条件作用下的力学行为及变化趋势，指导施工与监测。

对岩土参数的基本要求是可靠、适用。所谓可靠，是指参数能正确地反映岩土体在规定条件下的性状，能比较有把握地估计参数真值所在的区间；所谓适用，是指参数能满足岩土力学计算的假定条件和计算精度要求，岩土工程勘察报告应对主要参数的可靠

性和适用性进行分析，在分析的基础上选定参数。

选用岩土参数，应按下列内容评价其可靠性和适用性：

1. 取样方法及其他因素对试验结果的影响。

岩土参数的可靠性和适用性，在很大程度上取决于岩土的结构受到扰动的程度。各种不同的取样器和取样方法，对结构的扰动是显著不同的。

2. 采用的试验方法和取值标准。

3. 不同测试方法所得结果的分析比较。

对同一个物理力学性质指标，用不同测试手段获得的结果可能不相同，要在分析比较的基础上说明造成这种差异的原因，以及各种结果的适用条件。例如，土的不排水抗剪强度可以用室内 UU 试验求得，也可以用室内无侧限抗压试验求得，还可以用原位十字板剪切试验求得，不同测试手段所得的结果不同，应当进行分析比较。

4. 测试结果的离散程度。

5. 测试方法与计算模型的配套性。

（二）岩土参数统计

由于土的不均匀性，对同一土层取的土样，用相同方法测定的数据通常是离散的，并以一定的规律分布。这种分布可以用一阶矩和二阶矩统计量来描述。一阶原点矩是分布平均布置的特征值，称为数学期望或平均值，表示分布的平均趋势；二阶中心矩用以表示分布离散程度的特征，称为方差。标准差是方差的平方根，与平均值的量纲相同。规范要求给出岩土参数的平均值和标准差，而不要求给出一般值、最大平均值、最小平均值一类无概率意义的指标。作为工程设计的基础，岩土工程勘察应当提供可靠性设计所必需的统计参数，分析数据的分布情况和误差产生的原因并说明数据的舍弃标准。

参考文献

[1] 曹方秀作. 岩土工程勘察设计与实践 [M]. 长春：吉林科学技术出版社, 2022.08.

[2] 柴华友, 柯文汇, 朱红西作. 岩土工程动测技术 [M]. 武汉：武汉大学出版社, 2021.06.

[3] 代国忠著. 岩土工程浆材与护孔泥浆新技术 [M]. 重庆：重庆大学出版社, 2015.06.

[4] 郭霞, 陈秀雄, 温祖国主编. 岩土工程与土木工程施工技术研究 [M]. 文化发展出版社, 2021.05.

[5] 何林, 刘聪编著. 岩土工程监测 [M]. 哈尔滨：哈尔滨工业大学出版社, 2021.06.

[6] 和礼红著. 岩土工程技术初探 [M]. 广州：世界图书广东出版公司, 2014.10.

[7] 李林主编. 岩土工程 [M]. 武汉理工大学出版社有限责任公司, 2020.08.

[8] 刘春主编；薛娜副主编. 岩土工程测试与监测技术 [M]. 北京：中央民族大学出版社, 2018.06.

[9] 穆满根主编；邓庆阳, 王树理副主编. 岩土工程勘察技术 [M]. 武汉：中国地质大学出版社, 2016.01.

[10] 王鹏, 李红建, 吴健著. 岩土工程检测技术研究与特殊岩土工程检测 [M]. 北京工业大学出版社有限责任公司, 2019.10.

[11] 王幼清, 郝庆多, 陈兰编著. 岩土工程 [M]. 哈尔滨：哈尔滨工业大学出版社, 2013.03.

[12] 席永慧. 环境岩土工程学 [M]. 上海：同济大学出版社, 2019.06.

[13] 谢东, 许传遒, 丛绍运主编. 岩土工程设计与工程安全 [M]. 长春：吉林科学技术出版社, 2019.05.

[14] 邢皓枫, 徐超, 石振明编著. 岩土工程原位测试 [M]. 上海：同济大学出版社, 2015.06.

[15] 杨涛, 冯君, 肖清华, 等. 岩土工程数值计算及工程应用 [M]. 成都：西南交通大学出版社, 2021.07.